Python 语言程序设计

主　编◎王　刚　任　圆
主　审◎郑志刚

哈尔滨工程大学出版社
Harbin Engineering University Press

内 容 简 介

本书针对职业院校教学特点,以 PyCharm 为主要开发工具,采用"以任务为驱动,项目为导向"的职业教育最新教学理念,融入课堂思政元素,系统地讲解了 Python 语言的基本内容。本书共八个模块,其中模块一至模块七介绍了 Python 语言的基本知识,包括 Python 概述、基础语法、程序流程控制语句、基本数据结构、函数、面向对象编程以及文件的基本操作。模块八围绕基础知识实现 Python 基本的数据可视化图表。

本书可作为高等职业院校计算机相关专业和大数据专业的教材。

图书在版编目(CIP)数据

Python 语言程序设计/王刚,任圆主编.—哈尔滨:
哈尔滨工程大学出版社,2023.6
ISBN 978-7-5661-3974-0

Ⅰ.①P… Ⅱ.①王… ②任… Ⅲ.①软件工具-程序
设计 Ⅳ.①TP311.561

中国国家版本馆 CIP 数据核字(2023)第 105188 号

Python **语言程序设计**
PYTHON YUYAN CHENGXU SHEJI

选题策划	雷　霞
责任编辑	丁月华
封面设计	李海波

出版发行	哈尔滨工程大学出版社
社　　址	哈尔滨市南岗区南通大街 145 号
邮政编码	150001
发行电话	0451-82519328
传　　真	0451-82519699
经　　销	新华书店
印　　刷	哈尔滨午阳印刷有限公司
开　　本	787 mm×1 092 mm　1/16
印　　张	9.5
字　　数	240 千字
版　　次	2023 年 6 月第 1 版
印　　次	2023 年 6 月第 1 次印刷
定　　价	29.00 元

http://www.hrbeupress.com
E-mail:heupress@hrbeu.edu.cn

前　　言

本教材所对应的职业岗位是大数据开发设计师以及大数据分析师。随着云时代的来临,Python 语言凭借简单易学、第三方程序库和管理开发工具完善等特点,被越来越多的程序员所喜爱并使用,同时在金融、分析投资等行业 Python 也有着广泛的应用,因此社会上需要大量的 Python 开发师去完成基于大数据方向项目的研发、运维和应用。本教材以企业岗位需求和大数据应用开发职业技能标准为主要依据,紧紧把握职业教育“以任务为驱动,项目为导向”的最新教育教学理念,按照描述模块→基础知识→任务实现→实训的模式组织教材内容,符合现代“基于工作过程”的教学理念。同时将课程思政融入知识点,以加强学生编程能力,培养学生团队合作和精益求精的工匠精神。

本教材共八个模块,模块一为熟悉 Python,主要介绍了什么是 Python、Python 环境的搭建,以及 PyCharm 的安装与使用;模块二为 Python 基础语法,主要介绍了输入输出、基本数据类型与运算符;模块三为 Python 基本语句,主要介绍了 if、while、for 语句;模块四为 Python 数据结构,主要介绍了列表、元组、字典和集合的操作;模块五为函数,主要讲解了函数的创建与调用,递归函数等;模块六为面向对象编程,主要介绍了定义类、类的继承与导入等;模块七为文件基础,主要介绍了 txt 文件、CSV 文件以及 os 模块的应用;模块八为综合实训部分,主要介绍了 Python 的数据可视化、一些简单的可视化图表绘制以及图表的美化等。

本教材由渤海船舶职业学院教师团队编写,其中模块一由褚宁编写,模块二、模块三和模块八由任圆编写,模块四至模块七由王刚编写。全书由王刚负责统稿,郑志刚老师主审。

本教材要建设成信息化立体教材,配备了信息化教学资源,学生可以通过手机客户端扫描二维码,实时在线观看课程内容和相关课程资源,符合职业院校“线上线下混合式课程”的教学需要。

编　者
2023 年于哈尔滨

目　　录

模块一　熟悉 Python

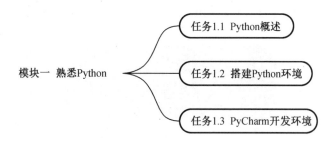

主要内容

本模块主要介绍了什么是 Python 语言、Python 语言的发展、Python 语言的特点以及如何安装 Python IDLE 与常用的软件 PyCharm,并学会创建第一个 Python 小程序。

学习目标

1. 了解 Python 的发展与特点;
2. 掌握 Python IDLE 的安装方法;
3. 掌握 PyCharm 的安装方法与基本功能;
4. 创建第一个 Python 小程序。

任务 1.1　Python 概述

任务描述

近年来,Python 语言在多个领域都有不俗的表现,那么了解 Python 的发展与 Python 在一些领域的应用是我们认识与学习 Python 语言最重要的一步。

任务分析

1)认识 Python 语言;
2)Python 的发展与特性;
3)Python 的应用领域。

🔶 知识讲解

1.1.1　Python 简介

Python 语言是完美结合了解释性、编译性、互动性与面向对象的高层次计算机脚本语言,具有很强的可读性并有自身强烈的特色语法结构,图 1.1 为 Python 的图标。

图 1.1　Python 官网图标

1)解释性:Python 语言在开发的过程中没有编译的环节,可直接运行输出。

2)交互性:Python 语言中是可以在提示符"＞＞＞"后直接运行所写代码的。

3)面向对象:Python 语言是支持面向对象编程技术,将代码封装在对象里的编程语言。

1.1.2　Python 发展历程

Python 语言是荷兰计算机程序员 Guido van Rossum(吉多·范·罗苏姆)在 1989 年设计的,图 1.2 为 Guido van Rossum。Python 本身也是由诸多其他语言发展而来的,包括 ABC、Modula-3、C、C++、Algol-68、SmallTalk、Unix shell 和其他的脚本语言等。像其他语言一样,Python 源代码同样遵循 GPL(general public license)协议。

图 1.2　Guido van Rossum

Python 2.0 版本于 2000 年 10 月 16 日发布,Python 社区逐渐成熟;2008 年 12 月,Python 3.0 版本发布,该版本在语法上做了很大的改变,与 Python 2.x 版本的系统不兼容。截至目前,Python 3.x 版本已基本成熟,并广泛使用。

1.1.3　Python 语言特点

1)易于学习:Python 对比其他语言,关键字相对较少,结构简单,更易于初学者学习。

2)开源:Python 是免费、开源的,用户可以自行下载、修改以及复制代码。

3)丰富的库:Python 有丰富的内置库,可以帮助开发人员更简便地实现复杂的功能。

4)可移植:基于其开放源代码的特性,Python 可以被移植到多个平台。

5)可扩展:如果你需要一段运行很快的关键代码,或者是想要编写一些不愿开放的算法,你可以使用 C 或 C++完成这部分程序,然后从你的 Python 程序中调用。

6)可嵌入:你可以将 Python 嵌入 C/C++程序,让你的程序的用户获得"脚本化"的能力。

7)支持中文:Python 3.x 使用 utf-8 编码,可以很好地支持多种语言,对中文的处理更加简捷。

1.1.4 Python 的应用领域

Python 的应用领域主要有以下几个。

1)金融行业:金融行业需要处理大量的数据进行金融分析等,Python 在其领域使用更为广泛。

2)云计算:Python 是云计算最为热门的语言,其典型的应用为 OpenStack。

3)YouTube:该视频类社交网站是用 Python 开发的。

4)Facebook:大量的基本库是通过 Python 实现的。

5)美国国家航空航天局(NASA):美国国家航空航天局使用 Python 做数据分析。

6)知乎:中国最大的 Q&A 社区,通过 Python 开发(国外 Quora)。除此之外,还有搜狐、金山、腾讯、盛大、网易、百度、阿里、淘宝、土豆、新浪、果壳等网站正在使用 Python 来完成各种任务。图 1.3 为 Python 的一些应用领域。

图 1.3 Python 应用领域

任务 1.2 搭建 Python 环境

⬇ 任务描述

根据自己电脑的系统类型,从 Python 官网上下载对应的 Python 3.x 版本,并配置环境变量。

⬇ 任务分析

1)掌握 Python 3.x 的下载;
2)掌握配置环境变量。

🔲 知识讲解

1.2.1 Python 下载

在 Windows 平台上安装 Python，首先在"我的电脑"—"属性"—"系统类型"中查看自己电脑是多少位的操作系统，一般来说现在的电脑都是 64 位的操作系统。

在 Python 的官网中可以下载 Python 的安装包，具体步骤如下：

1）在浏览器中输入 Python 官网的网址（https://www.python.org/），在主页里点击"Download"菜单中的"Windows"进入详细的下载列表，如图 1.4 所示。

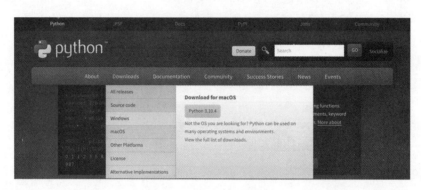

图 1.4　Python 官网首页

2）然后在详细列表中找到电脑对应的版本，选择一个符合条件的将其保存在电脑中，如图 1.5 所示。

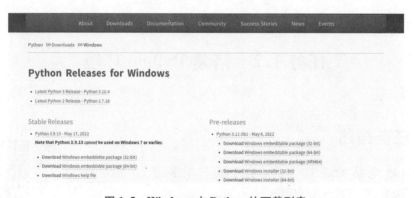

图 1.5　Windows 中 Python 的下载列表

1.2.2 配置环境变量

下载完成后，双击运行所下载的文件，弹出 Python 安装向导窗口，如图 1.6 所示，勾选"Add Python 3.10 to PATH"复选框，然后单击"Customize installation"按钮。（注：本章的安装是在 Windows10 系统上进行的，不同的运行系统可能会涉及安装流程的些许不同，大家可根据自己电脑的版本自行选择。）

图 1.6 安装向导界面

弹出界面如图 1.7 所示，保持默认选择，单击"Next"按钮。

图 1.7 Optional Features 界面

点击"Next"后，在弹出的界面中可以修改安装路径或采用默认路径，如图 1.8 所示。设置好路径后，点击"Install"按钮。

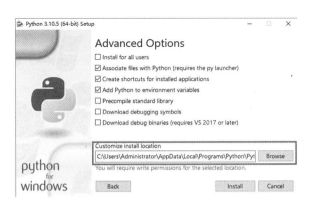

图 1.8 修改安装路径界面

安装完之后，会弹出安装成功的提示界面，如图 1.9 所示。

图 1.9　安装成功界面

安装 Python 成功之后,就可以使用 Python 了。Python 的打开方式有 3 种。

1. Windows 系统的命令行工具(cmd)

cmd 即计算机命令行提示符,是 Windows 环境下的虚拟 DOS 窗口。在 Windows 系统下,打开 cmd 有 3 种方法。

1)按"Win+R"组合键,打开"运行"对话框,其中"Win"键是键盘上的开始菜单键,如图 1.10 所示。

图 1.10　Win 键

在弹出的"运行"对话框中输入"cmd",如图 1.11 所示。单击"确定"按钮,即可打开 cmd。

图 1.11　"运行"对话框

2)通过"所有程序"列表查找搜索到 cmd,如图 1.12 所示。选择"cmd"选项或按回车键即可打开 cmd。

图 1.12　通过"所有程序"搜索 cmd

3）通过资源管理器，在 C：\Windows\System32 路径下找到 cmd，如图 1.13 所示，双击"cmd"文件。

此电脑 › 本地磁盘 (C:) › Windows › System32			
名称	修改日期	类型	大小
ClipUp	2022/5/11 09:09	应用程序	1,104 KB
clipwinrt.dll	2021/10/6 21:26	应用程序扩展	2,168 KB
cloudAP.dll	2022/6/15 10:51	应用程序扩展	581 KB
CloudDomainJoinAUG.dll	2021/10/6 21:26	应用程序扩展	134 KB
CloudDomainJoinDataModelServer.dll	2022/1/14 10:40	应用程序扩展	460 KB
CloudExperienceHost.dll	2021/12/19 16:52	应用程序扩展	404 KB
CloudExperienceHostBroker.dll	2021/10/6 21:27	应用程序扩展	325 KB
CloudExperienceHostBroker	2021/10/6 21:26	应用程序	68 KB
CloudExperienceHostCommon.dll	2022/6/15 10:51	应用程序扩展	1,160 KB
CloudExperienceHostUser.dll	2021/10/6 21:26	应用程序扩展	264 KB
cloudidsvc.dll	2021/12/19 16:50	应用程序扩展	105 KB
CloudNotifications	2021/10/6 21:26	应用程序	60 KB
clrhost.dll	2019/12/7 17:10	应用程序扩展	16 KB
clusapi.dll	2022/4/14 10:50	应用程序扩展	1,043 KB
cmcfg32.dll	2019/12/7 17:09	应用程序扩展	39 KB
cmd	2021/10/6 21:26	应用程序	283 KB
cmdext.dll	2021/10/6 21:26	应用程序扩展	28 KB
cmdial32.dll	2021/10/6 21:27	应用程序扩展	568 KB
cmdkey	2019/12/7 17:09	应用程序	20 KB

图 1.13　通过"资源管理器"搜索 cmd

打开 cmd，输入"python"，按回车键，如果出现">>>"符号，说明已经进入 Python 交互式编程环境，如图 1.14 所示。此时输入"exit( )"即可退出。

2. 带图形界面的 Python Shell——IDLE（Python GUI）

IDLE 是 Python 程序的基本集成开发环境，由 Guido van Rossum 亲自编写（至少 最初的绝大部分由他编写）。一般 IDLE 适合用来测试、演示一些简单代码的执行效果。

在 Windows 系统下安装好 Python 后，可以在"开始"菜单中找到 IDLE，如图 1.15 所示，选择"IDLE（Python 3.10 64-bit）"选项即可打开环境界面，如图 1.16 所示。

图 1.14   Python 交互式编程环境

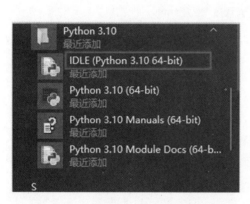

图 1.15   开始菜单中的"IDLE"选项

图 1.16   IDLE 界面

3. 命令行版本的 Python Shell——Python 3.10

命令行版本的 Python Shell——Python 3.10 的打开方法和 IDLE 的打开方法是一样的。在 Windows 系统下,在"开始"菜单中找到命令行版本的 Python 3.10(64-bit),如图 1.17 所示,单击即可打开,界面如图 1.18 所示。

图 1.17   选择 Python 3.10(64-bit)

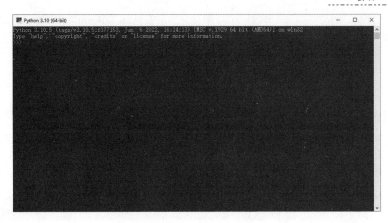

图 1.18 Python 3.10（64-bit）界面

打开命令提示符窗口，输入"python"命令，出现图 1.18 所示的界面，说明 Python 已经安装成功。

> **课堂思政：**
>
> 计算机语言环境的配置需要耐心与细心按照步骤一步步操作进行，学好一门计算机语言首先要打下坚实的基础，才可以在此基础上，盖出高楼。

任务 1.3　PyCharm 开发环境

⬇ 任务描述

下载 PyCharm，创建一个名为"python1.py"的文件，在文件中编写程序："I Love Python！"

⬇ 任务分析

1）了解 PyCharm；
2）掌握 PyCharm 的下载；
3）掌握 PyCharm 的使用。

⬇ 知识讲解

1.3.1　了解 PyCharm

PyCharm 是由 JetBrains 公司开发的一种 Python IDE（integrated development environment，集成开发环境），PyCharm 拥有一般 IDE 具备的功能，比如调试、语法高亮、项目管理、代码跳转、智能提示、版本控制。另外，PyCharm 还提供了一些很好的功能用于 Django 开发,同时支持 Google App Engine,更酷的是,PyCharm 支持 IronPython。PyCharm 目前已然成为 Python 初学者和专业开发人员得力的开发工具。

1.3.2 使用 PyCharm

1. 下载 PyCharm

1) PyCharm 的官网是 https://www.jetbrains.com/,在官网主页中点击"Developer Tools"菜单下面的"PyCharm",如图 1.19 所示。

图 1.19　PyCharm 官网

2) 在 PyCharm 下载页面,如图 1.20 所示,单击"Download"按钮,就可以进入选择版本界面,如图 1.21 所示。

图 1.20　PyCharm 下载页面

在这个页面中,选择搭载平台为"Windows",再单击"Community"版本(免费社区版本),就可以进行下载,并将安装包安装至合适的路径下。

2. 安装 PyCharm

下载完成后,双击安装包打开安装向导,如图 1.22 所示,单击"Next"按钮。

图 1.21 选择版本页面

图 1.22 欢迎安装界面

在进入的界面中自定义软件安装路径,可以直接选择默认的安装路径,或者单独放置在 E 盘中也可以,如图 1.23 所示,单击"Next"按钮。

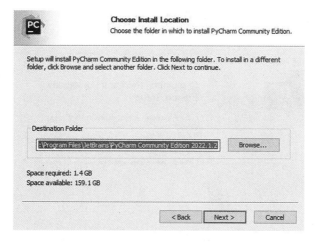

图 1.23 选择安装路径

在进入的界面中创建桌面快捷方式并关联.py 文件,如图 1.24 所示,单击"Next"按钮。

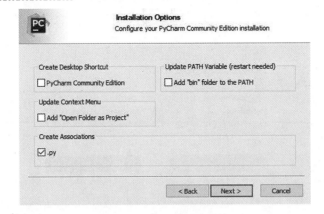

图 1.24　关联文件

在进入的界面中单击"Install"按钮默认安装,如图 1.25 所示。

图 1.25　"Install"安装界面

安装完成后单击"Finsh"按钮,如图 1.26 所示。

图 1.26　安装完成界面

3. 使用 PyCharm

1) 创建文件目录

在使用 PyCharm 时,为了方便保存已完成的代码部分,通常需要创建一个新的文件夹。打开 PyCharm 页面,左上角 File 中点击"New Project",如图 1.27 所示。

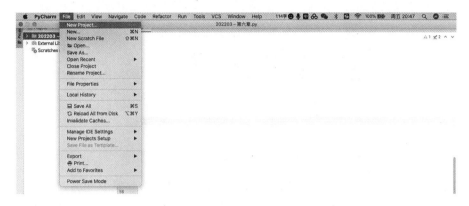

图 1.27　PyCharm 主界面

点击"New Project"后,会出现如图 1.28 所示的界面,可在"Location"栏后修改文件所需存放的位置以及文件名称,点击右下角"Create"即可创建完成,其页面如图 1.29 所示。

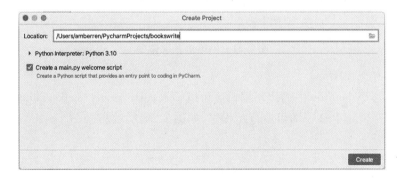

图 1.28　创建文件夹界面

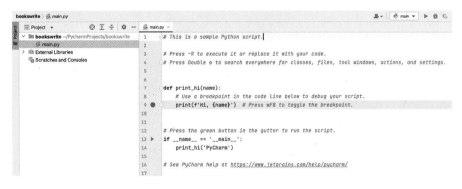

图 1.29　进入页面

2) 创建 Python File

在创建文件夹后,就可以进行程序的编写了,首先右键点击"bookswrite"文件夹——

"New"—"Python File",如图 1.30 所示。

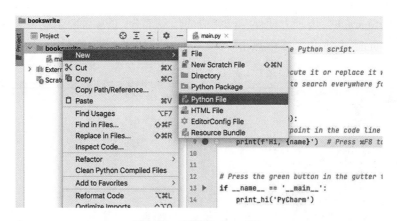

图 1.30   新建 Python File

点击"Python File"后会弹出如图 1.31 所示的页面,可以直接对 Python file 进行命名。

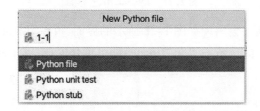

图 1.31   Python File 命名

3)编写第一个程序

在自命名的 Python file 中的代码编辑区可以输入代码"print('hello,China!')",输入后单击右键,点击"Run'1-1'"即可运行此程序,如图 1.32 所示。

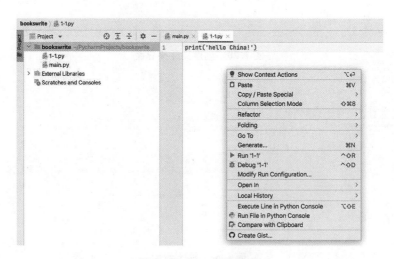

图 1.32   Run 运行程序

如果编写代码没有错误,就会正常运行,其运行结果如图 1.33 所示。

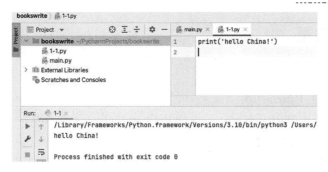

图 1.33　运行结果

　　但是如果代码出现错误,系统会提醒在哪儿出现何种错误,并给出修改意见。例如,在
( )内不使用引号,就会提示语句错误,如图 1.34 所示。

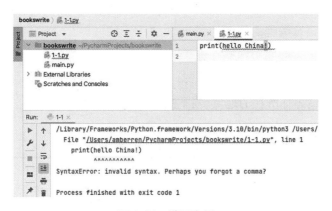

图 1.34　错误案例

1.3.3　任务实现

1. 任务编码

```
print('I Love Python!')
```

2. 执行结果

执行结果如图 1.35 所示。

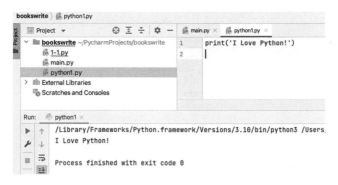

图 1.35　执行结果

课后习题

一、选择题

1. 以下哪个不是 Python IDE （　　）

A. Spyder　　　　B. Rstudy　　　　C. PyCharm　　　　D. Jupyter Notebook

2. 以下哪个不是 Python 的特性 （　　）

A. 可扩展　　　B. 可嵌入　　　C. 简单易学　　　D. 非开源

二、填空题

1. Python 文件的后缀通常是_____。

2. Python 是面向_____的高级语言。

三、简答题

1. 简述 Python 语言编程的特点。

2. 简述 Python 语言的应用领域有哪些。

四、编程题

在 PyCharm 中输出你所在的地点、当下的温度以及天气。

附件　章节评价表

班级		学号		学生姓名	
	内容		评价		
	目标	评价项目	优秀	良好	合格
学习能力	基本概念	Python 语言特点			
		Python 开发环境			
		PyCharm 应用			
通用能力	基本操作能力				
	创新能力				
	自主学习能力				
	小组协作能力				
综合评价			综合得分		

模块二　Python 基础语法

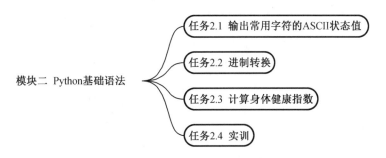

模块二 Python基础语法

- 任务2.1 输出常用字符的ASCII状态值
- 任务2.2 进制转换
- 任务2.3 计算身体健康指数
- 任务2.4 实训

主要内容

本模块主要讲解了 Python 的基础语法、Python 的基本编码规则、Python 基础变量以及运算符的使用等,这些同我们日常生活有着相似之处。每门编程语言都涉及基本的规则,那么在我们的日常工作、学习和生活中也要严格依法依章办事,讲规则,遵守国家的法律法规,遵守社会、学校等的规章制度,做一个遵纪守法、严于律己的中国人。

学习目标

1. 掌握 Python 输入输出语句
2. 了解 Python 的基础变量类型
3. 掌握 Python 变量类型之间的转换
4. 掌握 Python 常用运算符的操作

任务 2.1　输出常用字符的 ASCII 状态值

任务描述

美国信息交换标准代码(american standard code for information interchange,ASCII)是基于拉丁字母的一套电脑编码系统,主要用于显示现代英语和其他西欧语言。它是最通用的信息交换标准,并等同于国际标准 ISO/IEC 646。ASCII 第一次以规范标准的类型发表是在 1967 年,最后一次更新则是在 1986 年,到目前为止共定义了 128 个字符。表 2.1 给出几个常用的 ASCII 值与字符之间的对应关系。

表 2.1　ASCII 状态值与字符对应关系

字符	ASCII 状态值	
	二进制	十进制
&	100110	38
+	101011	43
9	111001	57
A	1000001	65
e	1100101	101

编写一个小程序,实现键盘输入相应的字母、数字或者符号,输出其 ASCII 状态值,即输入 B,输出显示为 66。

🔻 任务分析

1)掌握 Python 的基本输入输出方式;

2)了解 ASCII 状态值的含义;

3)掌握 Python 语言的各种编码规则。

🔻 知识讲解

2.1.1　基本输入输出

我们的生活中有很多的输入输出设备,键盘、鼠标、话筒等属于输入设备,输入设备输入的信息通过计算机解码后在显示器或其他终端设备中输出显示。那么基本输入输出是指我们平时从键盘上输入字符,通过计算机解码后在显示器上显示。

1. 输出

在 Python 中,使用内置函数 print() 就可以将结果输出,其语法格式为:

```
>>>print(输出内容)
```

其中,输出的内容如果为字符串的话,需要用引号括起来。

【例 2.1】　输出数字 9。

```
>>>print(9)
9
```

【例 2.2】　使用不同的方式输出"Hello,China!"。

1)直接输出

```
>>>print('Hello China!')
Hello China!
```

2)先赋值再输出

```
>>>a = 'Hello China!'
>>>print(a)
Hello China!
```

2. 输入

在 Python 中,使用内置函数 input( )可以接收用户的键盘输入,其语法格式为:

```
>>>a = input('提示文字')
```

其中,a 为保存输入结果的变量,引号内的文字用于提示输入内容(可省略)。

【例 2.3】　使用输入函数 input( )输入您的年龄。

```
>>>a = input('please input your age:')
>>>print(a)
```

其中,第一行使用 input( )函数输入语句,用户的输入数据会传递给变量 a 进行保存,第二行调用 print( )函数对变量进行输出,所以只有在执行完第二个语句后,才会出现"please input your age:"字样作为提示,在用户输入"25"之后,按下回车键,即可输出完成的结果,如图 2.1 所示。

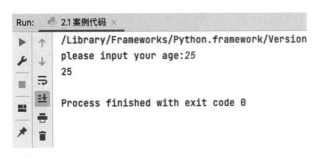

图 2.1　输出结果

2.1.2　注释和缩进

1. 注释

注释,指的是在代码中对代码的功能进行解释说明的标注性文字,它可以提高代码的可读性。对于机器编程来说,注释是必不可少的,在实际开发的项目中,开发人员会面对成千上万行代码,如果编写人员对代码的注释不够清晰,会给项目开发以及后期的运维造成巨大的影响。

在 Python 中,通常包括 3 种类型的注释,分别为单行注释、多行注释和编码声明注释。

> **注:**注释内容将被 Python 解释器忽略,并不会在执行结果中体现出来。

1)单行注释

其语法格式如下:

```
#注释内容
```

单行注释可以放在要注释代码的上一行,也可以放在要注释代码的右侧。

【例 2.4】

```
#这是一个单行注释
>>>print('Hello,China!')  #这是一个单行注释
```

2)多行注释

多行注释可以用多个"#"来表示。

【例 2.5】

```
#这是一个多行注释
#这是一个多行注释
#这是一个多行注释
```

多行注释也可以用一对三引号('''…''')来表示。

【例 2.6】

```
'''
这是一个多行注释
这是一个多行注释
这是一个多行注释
'''
```

3）编码声明注释

本书使用的是 Python 3.x 以上的版本，系统中默认源码文件为 UTF-8 编码。UTF-8 编码是针对 Unicode 的一种可变长度字符编码。它可以用来表示 Unicode 标准中的任何字符，在此编码下，大多数语言的字符都可以在系统中得到准确的变异，逐渐成为电子邮件、网页及其他存储或传送文字的应用中优先采用的编码。

Python 3.x 提供的编码声明注释的格式如下：

```
#_*_coding:编码_*_
```

那么，UTF-8 编码的声明注释即为：

```
#_*_coding:utf-8_*_
```

2. 缩进

Python 语言与其他高级语言相比，最独具特色的是用缩进的方式来标识代码块，采用代码缩进和冒号"："区别代码之间的层次，所以 Python 的代码看起来更加简洁明了。

> **注**：Python 中同一个代码块必须使用相同的缩进空格数量，或者用<Tab>键来实现，至于缩进的空格数并没有硬性的要求，通常情况下采用 4 个空格作为一个缩进量。

缩进的格式如图 2.2 所示。

```
for i in range(1,5):
    print(i)
    for j in range(1,5):
        print (j)
```

图 2.2　缩进格式

2.1.3　命名与编码规范

命名标识符在机器语言中是一个被允许作为名字的有效字符串，简单来说，标识符可以理解为一个名字，用来标识变量、函数、类、模块等对象。

Python 语言的命名标识符有以下规则：

1）标识符由字母、数字和下划线"_"组成，并且第一个字符只能是字母或者下划线。

【例 2.7】 以下为合法的标识符：

```
Usyrtk
user_id
users01
```

【例 2.8】 以下为非法标识符：

```
01user
% 123user
user id
```

> **注**：Python 中的标识符严格区分大小写，例如：Book 和 book 为不同的标识符。

2）不能使用 Python 中的保留字命名。

保留字是 Python 语言中被赋予特殊含义的标识符，不可以将保留字作为变量、函数、类等对象的命名来使用。Python 语言中的保留字如表 2.2 所示。

表 2.2 Python 中的保留字

and	as	assert	break	class	continue
def	del	elif	else	except	finally
for	from	False	global	if	import
in	is	lambda	nonlocal	not	None
or	pass	raise	return	try	True
while	with	yield			

【例 2.9】 在 PyCharm 中查看保留字。

```
>>>import keyword
>>>print(keyword.kwlist)
```

输出结果如图 2.3 所示。

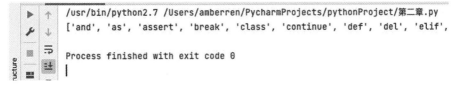

图 2.3 输出结果

能力提升

请思考，如何编写一个程序实现两个数的交换？（使用输入函数 input 以及函数 print 进行实现）

2.1.4　任务实现

1. 任务编码

```
while True：
    a = input('请输入单个字符：')
    if len(a)>=2：
        print('字符长度超出范围,请重新输入!')
    else：
        print(ord(a))
```

2. 执行结果

执行结果如图 2.4 所示。

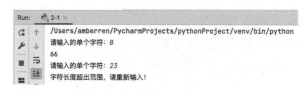

图 2.4　执行结果

任务 2.2　进 制 转 换

⬇ 任务描述

编写一个进制转换的程序,要求可以把用户输入的十进制数转换为二进制、八进制、十六进制数,如图 2.5 所示。

```
请输入一个十进制数:22
22 的二进制数为:
22 的八进制数为:
22 的十六进制数为:
```

图 2.5　任务预设结果格式

⬇ 任务分析

1)掌握 Python 中基本的数据类型;

2)掌握 Python 中的数值型变量;

3)了解 Python 中其他类型变量;

4)掌握 Python 中数据类型之间的转换。

知识讲解

2.2.1 变量

1.变量的定义

Python 中,不需要声明变量名及其类型,可以直接赋值进行使用。同时,变量的命名必须遵循标识符的规则:

1)变量名必须是一个有效的标识符;

2)尽量选择有意义的名字作为变量名。

2.变量的赋值

变量的赋值可以通过"="来实现,其语法格式如下:

变量名=value

其变量的类型取决于赋给变量的值的类型,例如:

```
number=10000          #创建变量 number 并赋值 10000
films='人世间'         #创建变量 films 并赋值'人世间'
```

经过上述的赋值后,number 为数值型变量,films 为字符串类型变量。在 PyCharm 中使用 type 函数可以查看变量类型,执行结果如图 2.6 所示。

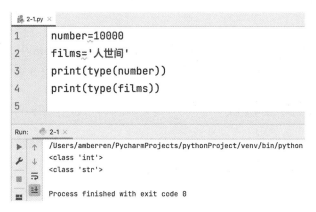

图 2.6　执行结果

2.2.2 基本数值类型

在 Python 中,数值类型主要包括整数、浮点数、复数和布尔值。

1.整数类型

整数类型(int)简称整型,用来表示整数数值,例如 5,10 等。在 Python 中,整数包括正整数、负整数和 0,且 Python 3. x 中整型的位数是任意的,下述都是有效的整数:

```
9999999999999999999999999999
-123456
0
```

2. 浮点数

浮点数(float)由整数部分和小数部分构成,主要用于处理包括小数的数,例如 3.1415,-3.1415 等。浮点数也可以使用科学计数法表示,例如 $3.14e^2$,$-3.14e^5$ 等,在 PyCharm 中执行结果如图 2.7 所示。

图 2.7　执行结果

3. 复数

复数(complex)由实部和虚部组成,一般形式为 a+bj,其中 a 为实部,b 为虚部,j 为虚数单位,例如 3+4j。

4. 布尔类型

布尔(bool)类型主要是用来表示"真"或者"假"的值,在 Python 中,标识符 True 和 False 被统称为布尔值,也可以转换为数值,其中 True 用 1 表示,False 用 0 表示。

2.2.3　数值类型转换

在 Python 中可以实现数值类型之间的转换,所使用的内置函数有 int、float、bool、complex。转换的代码及执行结果如图 2.8 所示。

图 2.8　代码与执行结果

2.2.4 任务实现

整数类型包括二进制(0b 开头)、八进制(0o 开头)、十进制和十六进制(0x 开头),用四种数据类型表示正整数 20,如下所示:

```
20                           #十进制
0b10100                      #二进制
0o24                         #八进制
0x14                         #十六进制
```

1.任务编码

```
number = int(input('请输入一个十进制数:'))
print(bin(number))                        #bin 是二进制的意思
print(oct(number))                        #oct 是八进制的意思
print(hex(number))                        #hex 是十六进制的意思
```

2.执行结果

执行结果如图 2.9 所示。

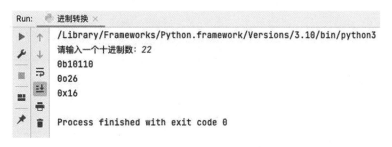

图 2.9 执行结果

任务 2.3 计算身体健康指数

🔻 任务描述

现如今工作压力增大使得很多人身体健康告急,强健的身体愈发重要。身体质量质数(BMI)是国际上公认的衡量人体胖瘦程度以及是否健康的标准,它与人的身高和体重相关。BMI 值的计算公式如下:

$$BMI = 体重(kg)/身高(m)^2$$

根据上述公式编写代码,实现用户输入身高和体重后,可以计算身体 BMI 值。

任务分析

1）掌握并熟练使用基本的算数运算符；

2）掌握赋值运算符、比较运算符、逻辑运算符；

3）了解成员运算符；

4）掌握运算符优先级。

知识讲解

运算符主要用于数字运算、比较大小以及逻辑运算等。Python 中常用的运算符包括算术运算符、赋值运算符、比较运算符、逻辑运算符和位运算符。下面将对这些常用的运算符进行介绍。

2.3.1 算数运算符

算数运算符是对操作数进行运算的一系列特殊符号，这类运算符在数字处理中应用较多，如表 2.3 所示。

表 2.3　算数运算符

运算符	描述说明	实例	结果
+	加	1+2	3
−	减	20−10	10
*	乘	2 * 3	6
/	除	6/2	3
%	取余数	12%5	2
//	取整数	20//3	6
* *	幂	2 * * 3	8

算数运算符可以直接对数字进行运算，也可以对变量进行运算，图 2.10 是计算的实例与结果。

2.3.2 赋值运算符

赋值运算符主要用于对变量进行赋值，使用时将赋值运算符右边的值赋给左边的变量。在 Python 中常用的赋值运算符如表 2.4 所示。

```
1    print(1+2)
2    print(20-10)
3    print(12%5)
4    print(2**3)
5    a=20
6    b=3
7    c=6
8    print(a//b)
9    print(c/b)
```

Run: 第二章 ×
/Library/Frameworks/Python.framework/Versions/3.10/bin/python3
3
10
2
8
6
2.0

图 2.10　计算实例与结果

表 2.4　常用的赋值运算符

运算符	描述说明	实例	实例展开
=	赋值运算	x = y	x = y
+=	加赋值	x+=y	x=x+y
-=	减赋值	x-=y	x=x-y
*=	乘赋值	x*=y	x=x*y
/=	除赋值	x/=y	x=x/y
%=	取余赋值	x%=y	x=x%y
//=	取整赋值	x//=y	x=x//y
**=	幂赋值	x**=y	x=x**y

注：在 Python 中要明确区分"="和"=="这两个符号，"="是赋值运算符，"=="表示判断左右两面是否相等，是比较运算符。

赋值运算符的计算实例与结果如图 2.11 所示。

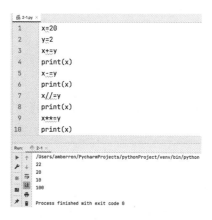

图 2.11　计算实例与结果

2.3.3　比较运算符

比较运算符,也称为关系运算符,用于比较两个变量之间的关系,如果比较的结果为真,则返回结果 True,如果为假,则返回结果 False。Python 中常用的比较运算符如表 2.5 所示。

表 2.5　比较运算符

运算符	描述说明	实例	结果
>	大于	2>3	False
>=	大于等于	3>=2	True
<	小于	2<5	True
<=	小于等于	4<=2	False
==	等于	12==23	False
! =	不等于	'a'=='b'	False

2.3.4　逻辑运算符

逻辑运算符是对真、假两种布尔值进行运算,运算的结果仍然为一个布尔值。在 Python 中的逻辑运算符主要包括 and(逻辑与)、or(逻辑或)、not(逻辑非)三种。逻辑运算符的用法和说明如表 2.6 所示。

表 2.6　逻辑运算符

表达式 1	表达式 2	and 结果	or 结果	not 结果
True	True	True	True	False
True	False	False	True	False
False	False	False	False	True
False	True	False	True	True

2.3.5　位运算符

位运算符适用于按二进制位进行逻辑运算,因此要将所需计算的数据转换为二进制后,才能进行位运算。在 Python 中常用的位运算符有位与(&)、位或(|)、位异或(^)、取反(~)、左位移(<<)和右位移(>>)。

1. 位与运算(&)

按位与运算是将参与运算的两个二进制操作数进行"与"运算,当对应位上的两个二进制数均为 1 时,结果位就为 1,否则为 0。如果两个数的精度不同,那么结果的精度与精度高的操作数相同,如图 2.12 所示。

```
      0000 0000 1001
 &    0000 0000 1000
      ─────────────
      0000 0000 1000
```

图 2.12 9&8 按位与运算

2. 位或运算(|)

按位或运算是将参与运算的两个二进制操作数进行"或"运算,当对应位上的两个二进制数均为 0 时,结果位就为 0,否则为 1。如果两个数的精度不同,那么结果的精度与精度高的操作数相同,如图 2.13 所示。

```
      0000 0000 1001
 |    0000 0000 1000
      ─────────────
      0000 0000 1001
```

图 2.13 9&8 按位或运算

3. 位异或运算(^)

按位异或运算是将参与运算的两个二进制操作数进行"异或"运算,当对应位上的两个二进制数相同(同为 0 或 1)时,结果为 0,否则为 1。若两个操作数的精度不同,则结果数的精度与精度高的操作数相同,如图 2.14 所示。

```
      0000 0000  1001
 ^    0000 0000 1000
      ─────────────
      0000 0000  0001
```

图 2.14 9^8 按位异或运算

4. 取反运算(~)

按位取反运算也称"位"非运算,运算符为~。按取反运算是将一个二进制操作数中的 1 修改为 0,0 修改为 1,如图 2.15 所示。

```
 ~    0000 0000 1011
      ─────────────
      1111 1111 0100
```

图 2.15 11 取反运算

5. 左位移运算

按位左移运算是指将二进制操作数的所有位全部左移 n 位,高位丢弃,低位补 0,左移相当于乘以 2 的 n 次幂,即 10 左移 4 位,利用乘法运算进行计算的结果为 $10×2^4$。

例如,将 int 类型十进制 10 转换为二进制数 0000 1010,将转换后的二进制数左移四位,其过程和结果如图 2.16 所示。

```
        高4位丢弃 0 0 0 0 1 0 1 0
  运算结果  0 0 0 0 1 0 1 0 0 0 0 0
                        低4位补0
```

图 2.16 按位左移

从图 2.17 中可以看出,二进制数 00001010 按位左移 4 位的结果为 10100000。那么使用代码将其实现如下:

```
a = 10
print(bin(a<<4))
```

运行这段代码结果为:0b10100000。

6. 右位移运算

按位右移运算是指将二进制操作数的所有位全部右移 n 位,低位丢弃,如果最高位是 0 (正整数)时,左侧空位补 0;如果最高位是 1(负数)时,左侧空位补 1。右移相当于除以 2 的 n 次幂。

例如将 int 类型十进制 40(-40)右移一位,计算过程如图 2.17 所示。

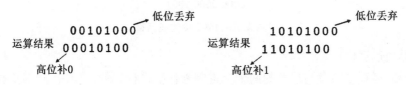

图 2.17　正数(负数)按位右移

2.3.6　运算符优先级

运算符的优先级就是指在应用中哪一个运算符先运算,哪一个运算符后运算,与数学中的四则运算应该遵循的"先乘除、后加减"是一个原则。

Python 运算符的规则是:优先级高的运算先执行,优先级低的运算后执行,同一优先级的操作应按照从左到右的顺序进行,含有括号的运算,括号内的运算最先执行。运算符的优先级如表 2.7 所示。

表 2.7　运算符优先级

运算符	描述说明
**	幂运算,最高优先级
~ + -	按位翻转、一元加号和减号
* / % //	乘、除、取余和取整
+ -	加、减法
>> <<	右移和左移
&	按位与运算符
^	按位异或运算符
|	按位或运算符
<= < >= >	比较运算符
== ! =	等于运算符
= % / = // = * = ** =	赋值运算符

2.3.7　任务实现

1. 任务编码

```
height = float(input('请输入您的身高(m):'))
weight = float(input('请输入您的体重(kg):'))
bmi = weight / (height * height)
#判断健康标准
if bmi<18.5:
    print('您的 bmi 指数为:',bmi)
    print('你的体重过轻')
if bmi>=18.5 and bmi<24.9:
    print('您的 bmi 指数为:',bmi)
    print('正常范围')
if bmi>=24.9 and bmi<29.9:
    print('您的 bmi 指数为:',bmi)
    print('您需要稍微控制一下体重')
if bmi>=29.9:
    print('你的 bmi 指数为:',bmi)
    print('您需要控制体重了')
```

2. 执行结果

执行结果如图 2.18 所示。

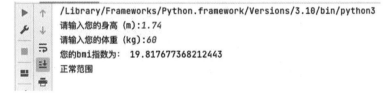

图 2.18　执行结果

任务 2.4　实　　训

1. 实训内容

在键盘上输入学生的姓名以及四门课程的成绩(数学、语文、英语、物理),然后系统输出该学生的总成绩及平均分。

2. 实训要点

1)掌握 PyCharm 的使用;

2)掌握 input 函数的使用;

3)掌握算数运算符的使用。

3. 实训思路及步骤

1）在 PyCharm 中新建一个".py"文件；

2）使用 input 函数获取用户信息，并提示文字"请输入学生姓名:""请输入数学成绩:"等；

3）使用算数运算符进行总成绩以及平均分的计算。

课后习题

一、选择题

1. Python 3. x 支持多行语句，下面对于多行语句说法有误的是　　　　　　（　　）

A. 一行可以书写多行语句

B. 一个语句可以分多行书写

C. 一行语句可以用分号隔开

D. 一个语句多行书写时按回车

2. 下面标识符里不合法的是　　　　　　　　　　　　　　　　　　　（　　）

A. user_id　　　　　　B. 7cool　　　　　　C. hello23　　　　　　D. issss

3. 下列_____是"2 and 3"的运算结果。　　　　　　　　　　　　　（　　）

A. 0　　　　　　　　　B. 2　　　　　　　　C. 3　　　　　　　　D. 1

4. 当 a＝11 时，运行 a＋＝11 后，a 的运算结果是　　　　　　　　　　（　　）

A. 11　　　　　　　　B. 12　　　　　　　　C. 22　　　　　　　D. 不能确定

5. 下列运算符中优先级最高的是　　　　　　　　　　　　　　　　　　（　　）

A. ＆　　　　　　　　B. ／　　　　　　　　C. is　　　　　　　D. ＊＊

二、判断题

1. Python 中可以使用关键字作为变量名。　　　　　　　　　　　　　　（　　）

2. Python 中的变量名不能使用数字开头。　　　　　　　　　　　　　　（　　）

三、操作题

1. 使用 int 函数（round 函数）分别对 5. 20，－5. 20，10. 75，－10. 75 四舍五入后取整。

2. 编写小程序，实现输入正方形边长，即可输出其周长与面积。

附件 章节评价表

班级		学号		学生姓名	
学习能力	内容		评价		
	目标	评价项目	优秀	良好	合格
	基本概念	基本输入输出			
		命名规范			
		数据类型			
		运算符			
通用能力	基本操作能力				
	创新能力				
	自主学习能力				
	小组协作能力				
综合评价			综合得分		

模块三　Python 基本语句

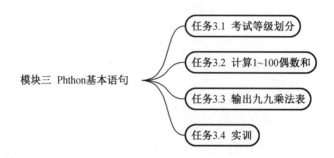

模块三　Phthon基本语句
- 任务3.1　考试等级划分
- 任务3.2　计算1~100偶数和
- 任务3.3　输出九九乘法表
- 任务3.4　实训

主要内容

通过上一模块的学习,我们可以编写简单的程序进行实际问题的处理,这些程序中的语句默认以自上而下的顺序执行,但在实际项目中需要根据客户提出的需求决定执行顺序,这就需要引入程序流程控制。

流程控制对于任何一门编程语言都十分重要,它指明了控制程序如何执行。Python 语言程序流程控制结构主要有条件分支结构以及两种主要的循环结构。本章将对 Python 语言的几种控制结构进行介绍。

学习目标

1. 掌握 if、else 和 elif 的基本结构与特征;
2. 掌握 while 循环与 for 循环的基本结构与用法;
3. 熟练使用 range 函数;
4. 掌握 break、continue 和 pass 语句;
5. 掌握嵌套循环。

任务 3.1　考试等级划分

任务描述

运用 Python 程序流程控制语句的 if 语句和 else 语句进行程序编写,实现对考试成绩的等级划分:分数≥90,等级为 A;80(含)~90,等级为 B;70(含)~80,等级为 C;60(含)~70 等级为 D;<60,等级为 E。

任务分析

1）掌握 if 语句的基本结构；
2）掌握 if-eles 语句的基本结构；
3）掌握 if-elif-else 语句的基本结构。

知识讲解

3.1.1 if 语句

Python 中使用 if 保留字来构成条件语句，其语法格式如下：

```
if 表达式：
    语句块
```

其中，表达式是一个布尔表达式，其结果会返回一个布尔值。如果表达式的结果为真，则执行下一个语句块，如果表达式结果为假，则跳过语句块，继续执行下面的语句，最简单的 if 语句执行流程如图 3.1 所示。

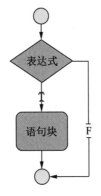

图 3.1 if 语句执行流程

【例 3.1】 假如你的电脑密码是数字"2022"，那么使用 if 语句可以判断你输入的密码是否正确。

```
password = 2022
number = int(input('请输入电脑密码：'))
if number = = password：
    print('密码正确,正在进入系统')
if number！ = password：
    print('密码错误,请重新输入')
```

3.1.2 if-else 语句

在例 3.1 中，我们使用了两个 if 条件语句，那么有什么方法可以使用一个 if 条件语句就实现例 3.1 呢？Python 中提供了 if-else 语句来解决上述问题，其语法格式如下：

```
if 表达式:
    语句块 1
else:
    语句块 2
```

其中,表达式是一个布尔表达式,其结果会返回一个布尔值。如果表达式结果为真,则执行语句块 1,如果表达式结果为假,则执行语句块 2,其执行流程如图 3.2 所示。

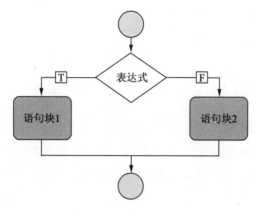

图 3.2   if-else 语句执行流程

课堂思政: 编程中逻辑是很重要的一个部分,思维逻辑贯穿了整个编程思想。在日常学习中,也要学会培养良好的逻辑习惯,要学会提出问题—分析问题—拆解问题—解决问题。

对于例 3.1 中电脑密码的程序可以使用 if-else 语句来进行编写,如下所示:

```
password = 2022
number = int(input('请输入电脑密码:'))
if number == password:
    print('密码正确,正在进入系统')
else:
    print('密码错误,请重新输人')
```

3.1.3   if-elif-else 语句

简单的 if 语句和 if-else 语句是单分支与双分支语句,那么如果遇到需要使用多分支语句的情况,怎么办呢? Python 中提供了 if-elif-else 语句来解决多分支语句的问题,其语法格式如下:

```
if 表达式 1:
    语句块 1
elif 表达式 2:
    语句块 2
...
else:
```

语句块 n

其中,表达式均为布尔表达式,如果表达式 1 的结果为真,则执行语句块 1,如果表达式 1 的结果为假,则跳过该语句,进行下一个 elif 语句的判断,在所有表达式都为假的情况下,才会执行 else 中的语句,if-elif-else 语句的执行流程如图 3.3 所示。

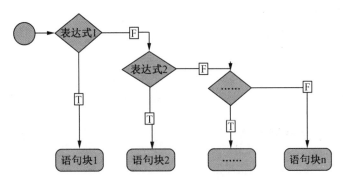

图 3.3　if-elif-else 语句执行流程

【例 3.2】　假设便利店的一个大于商品的日销售量小于 10 个属于滞销商品,日销售量大于等于 10 个而小于等于 20 个属于正常商品,日销售量大于 20 个属于畅销商品。输入一个商品的日销售量,判断这个商品属于哪一类。

```
number=int(input('请输入商品的日销售量:'))
if number<10:
    print('该商品为滞销商品')
elif number<=20:
    print('该商品为正常商品')
else:
    print('该商品为畅销商品')
```

3.1.4　if 语句嵌套

上述介绍了三种形式的 if 条件语句,那么 if 条件语句之间可以相互进行嵌套,简单的 if 语句中嵌套 if-else 语句,其语法格式如下:

```
if 表达式1:
    if 表达式2:
        语句块 1
    else:
        语句块 2
```

在 if-else 语句中嵌套 if-else 语句,其语法格式如下:

```
if 表达式1:
    if 表达式2:
        语句块 1
    else:
        语句块 2
```

```
else:
    if 表达式 3:
        语句块 3
    else:
        语句块 4
```

那么,使用 if 嵌套语句对例 3.2 进行修改:

```
number=int(input('请输入商品的日销售量:'))
if number>=20:
    print('该商品为畅销商品')
else:
    if number>=10:
        print('该商品为正常商品')
    else:
        print('该商品为滞销商品')
```

3.1.5   使用 and、or 连接的条件语句

1. 使用 and 连接

在实际项目中,常常会面对需要同时满足两个或两个以上条件才可以执行的情况。在这种情况下,and 连接就可以很好地实现这个需求,其执行流程如图 3.4 所示。

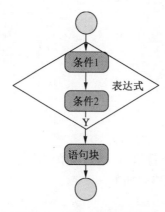

图 3.4   and 连接执行流程

【例 3.3】   假设便利店的一个商品的日销售量大于等于 20 个且商品价格小于等于 50元,则属于畅销商品。输入一个商品的日销售量和商品价格,判断这个商品是否是畅销商品。

```
number=int(input('请输入商品的日销售量:'))
price=int(input('请输入商品价格'))
if number>=20 and price<=50:
    print('该商品为畅销商品')
```

2. 使用 or 连接

在实际项目中,也会面对只要满足两个或两个以上条件之一就可以执行的情况。在这

种情况下,or连接就可以很好地实现这个需求,其执行流程如图3.5所示。

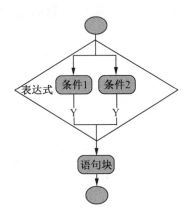

图3.5 or连接执行流程

【例3.4】 假设便利店的一个商品的日销售量小于10个或者大于20个,属于特殊商品,那么输入一个商品的日销售量,判断这个商品是否是特殊商品。

```python
number = int(input('请输入商品的日销售量:'))
if number>20 or number<10:
    print('该商品为特殊商品')
```

3.1.6 任务实现

1.任务编码

```python
score = int(input('请输入成绩:'))
if score>=90:
    print('A')
elif score>=80:
    print('B')
elif score>=70:
    print('C')
elif score>=60:
    print('D')
else:
    print('E')
```

2.执行结果

执行结果如图3.6所示。

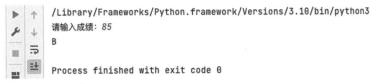

图3.6 执行结果

任务 3.2 计算 1~100 偶数和

🔱 任务描述

在小学数学中我们学过,计算 1~100 偶数的和是计算 2+4+6+…+100,如果直接将所有的数都写出来一个一个进行加法运算的话,计算步骤会十分烦琐。那么试着编写程序,计算 1~100 偶数的和。

🔱 任务分析

1)熟练掌握 while 循环语句;
2)掌握 for 循环;
3)了解 range 函数。

🔱 知识讲解

3.2.1 while 循环

while 循环是通过一个表达式控制是否要重复执行循环体中的语句,其语法格式如下:

```
while 表达式:
    语句块
```

其中表达式是一个条件表达式,如果表达式的结果为真,就执行语句块,直到不满足表达式才停止执行,退出当前循环。while 循环语句的执行流程如图 3.7 所示。

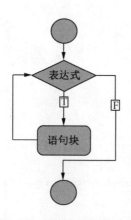

图 3.7 while 语句执行流程

【例 3.5】 使用 while 循环连续输出三次"重要的事情说三遍"。

```
i = 1
while i<=3:
    print('重要的事情说三遍')
    i+=1
```

上述代码及运行结果如图 3.8 所示。

图 3.8 代码及运行结果

注:在 while 循环中需要注意的是语句块中一定要添加改变循环条件的代码,否则将产生死循环。

【例 3.6】 求 1~100 的整数和。

```
i = 1
count = 0
while i<=100:
    count += i
    i += 1
print('1 到 100 的和为',count)
```

3.2.2 for 循环

for 循环是计次循环,通常情况下适用于遍历序列以及迭代对象中的元素,其语法格式如图 3.9 所示。

```
for 迭代变量 in 对象:
    循环体
```

其中,迭代变量是从对象中获取每个元素;对象可以是任何有序的序列对象;循环体是被重复执行的语句,其执行流程如图 3.9 所示。

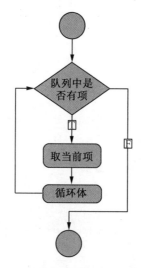

图 3.9　for 循环执行流程

【例 3.7】　使用 for 循环输出三次"重要的事情说三遍"。

```
for i in [1,2,3]:
    print('重要的事情说三遍')
```

上述语句执行结果如图 3.10 所示。

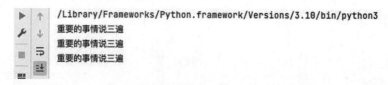

图 3.10　执行结果

【例 3.8】　使用 for 循环输出对象中的内容。

```
for i in [1,2,3]:
    print(i)
```

上述语句的执行结果如图 3.11 所示。

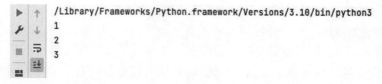

图 3.11　执行结果

【例 3.9】　遍历"Python"字符串。

```
string='Python'
for i in string:
    print(i)
```

上述语句的执行结果如图 3.12 所示。

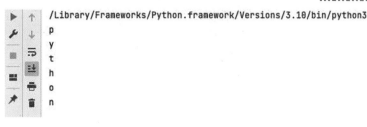

图 3.12　执行结果

3.2.3　range 函数

在 Python 中,range 函数是内置函数,用于生成一系列连续的整数,大多情况与 for 循环语句搭配使用,其语法格式如下:

```
range(start,end,step)
```

其中,start 是计数的起始值,可以省略,在省略的情况下,从 0 开始计算;end 是计数的结束值,但不包括该值,例如 range(7)得到的结果是 0 到 6;step 是步长,可以省略,省略的情况下,步长是 1。

> 注:在 range 函数中,如果只有一个参数,那么这个参数就是 end;如果有两个参数,则是 start 和 end;如果有三个参数的话,最后一位才表示步长。

【例 3.10】　使用 for 循环和 range 函数输出 20 以内所有的偶数。

```
for i in range(0,21,2):
    print(i, end=' ')
```

其执行结果如图 3.13 所示。

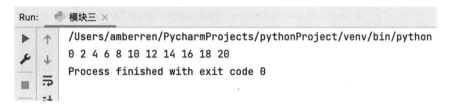

图 3.13　执行结果

3.2.4　任务实现

1.任务编码

1)使用 for 循环编写

```
count = 0
for i in range(0,101,2):
    count += i
print(count)
```

2)使用 while 循环编写

```
count = 0
i = 0
while i <= 100:
    count += i
    i += 2
print(count)
```

2. 执行结果

执行结果分别如图 3.14 和图 3.15 所示。

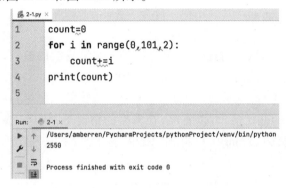

图 3.14   for 循环代码及执行结果

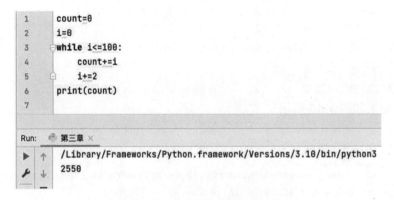

图 3.15   while 循环代码及执行结果

任务 3.3   输出九九乘法表

➕ 任务描述

刚刚接触乘法的时候,大家都背过九九乘法表,那么怎么用代码输出九九乘法表呢?

1×1=1								
1×2=2	2×2=4							
1×3=3	2×3=6	3×3=9						
1×4=4	2×4=8	3×4=12	4×4=16					
1×5=5	2×5=10	3×5=15	4×5=20	5×5=25				
1×6=6	2×6=12	3×6=18	4×6=24	5×6=30	6×6=36			
1×7=7	2×7=14	3×7=21	4×7=28	5×7=35	6×7=42	7×7=49		
1×8=8	2×8=16	3×8=24	4×8=32	5×8=40	6×8=48	7×8=56	8×8=64	
1×9=9	2×9=18	3×9=27	4×9=36	5×9=45	6×9=54	7×9=63	8×9=72	9×9=81

🔻 任务分析

1)掌握循环嵌套的使用；
2)了解及使用跳转语句。

🔻 知识讲解

3.3.1 循环嵌套

这里介绍 while 循环嵌套。

while 语句是可以在循环体内添加 while 循环的,其语法格式如下:

```
while 表达式1:
    while 表达式2:
        语句块2
    语句块1
```

【例3.11】 使用 while 嵌套循环打印四行四列星型。

```
i=0
while i<=3:
    j=0
    while j<=3:
        print('*',end='')
        j+=1
    print()
    i+=1
```

其执行结果如图 3.16 所示。

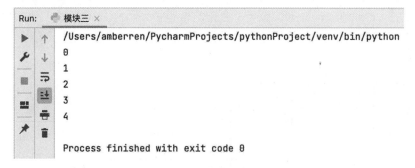

图 3.16　执行结果

3.3.2　其他语句

1. break 语句

break 语句用于在 while 和 for 循环里终止当前的循环, break 循环一般与 if 条件语句搭配使用, 其语法格式如下:

```
while 表达式1:
    语句块
    if 表达式2:
        break
```

【例 3.12】　break 语句在 while 循环中使用, 在 i=4 时, 跳出循环。

```
i = 0
while True:
    i += 1
    if i == 4:
        break
print(i)
```

其执行结果如图 3.17 所示。

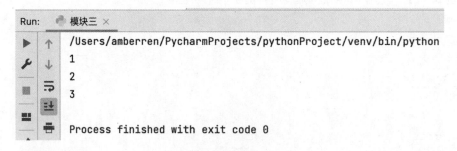

图 3.17　执行结果

break 语句也可以使用在 for 循环中, 搭配 if 语句使用, 其语法格式如下:

```
for 迭代变量 in 对象:
    if 表达式:
        break
```

【例 3. 13】 break 语句在 for 循环中使用,在 i=4 时,跳出循环。

```
for i in range(10):
    print(i)
    if i==4:
        break
```

其执行结果如图 3.18 所示。

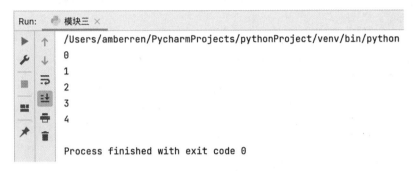

图 3.18 执行结果

2. continue 语句

continue 语句是跳出本次循环,继续执行循环内剩余的语句,其实例如下:

【例 3. 14】 continue 语句在循环中使用,跳过 i=4 这次循环。

```
for i in range(5):
    if i==2:
        continue
    print(i)
```

其执行结果如图 3.19 所示。

图 3.19 执行结果

3.3.3 任务实现

1. 任务编码

```
i=1
while i<=9:
    j=1
    while j<=i:
        a=j*i
        print('%d*%d=%d'%(j,i,a),end='')
```

```
        j+=1
    print('')
    i+=1
```

2. 执行结果

执行结果如图 3.20 所示。

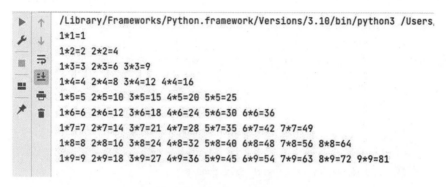

图 3.20　执行结果

任务 3.4　实　　训

1. 实训内容

逢 5 起立游戏——几个同学围一圈玩游戏,从 1 开始数数,当数到 5 或者数字是以 5 结尾或者是 5 的倍数就需要起立而不说出这个数。编写程序,计算从 1 到 100 需要起立多少次。

2. 实训要点

1)掌握条件语句的使用;

2)掌握循环语句的使用;

3)使用条件、循环语句的实例。

3. 实训思路及步骤

1)for 循环遍历 1 到 100 的整数;

2)if 条件语句判断是否为 5 的倍数和以 5 为结尾;

3)计数统计起立次数。

✚ 课后习题

一、填空题

1. Python 的程序流程控制语句有_____、_____、_____。

2. 循环语句中可以使用_____跳出当前循环。

3. 设置条件表达式_____实现无限循环。

二、选择题

1. for i in range(1,10,3) 执行后 i 的值为：　　　　　　　　　　　（　　）

A.1,3,5,7　　　　B.1,4,7　　　　C.1,2,3　　　　D.3,5,7

2. 可以使用_____语句跳出当前循环,继续进行下一层循环。　　　（　　）

A. continue　　　B. pass　　　C. break　　　D. 以上均可以

3. 在 Python 中实现多个条件判断时需要使用 if 和_____组合语句。　（　　）

A. else　　　B. elif　　　C. pass　　　D. 以上均可以

三、操作题

1. 已知一只公鸡 5 元,一只母鸡 3 元,三只小鸡 1 元,现在要用 100 元买 100 只鸡,请问公鸡、母鸡和小鸡各买多少只?

2. 水仙花数,是指一个三位数其各位数字的立方和等于该数本身,例如 $153 = 1^3 + 5^3 + 3^3$。编写程序,输出所有的水仙花数。

附件　章节评价表

班级			学号		学生姓名	
	内容			评价		
	目标	评价项目	优秀	良好	合格	
学习能力	基本概念	if 语句				
		while 循环				
		循环嵌套				
通用能力	基本操作能力					
	创新能力					
	自主学习能力					
	小组协作能力					
综合评价			综合得分			

模块四　Python 数据结构

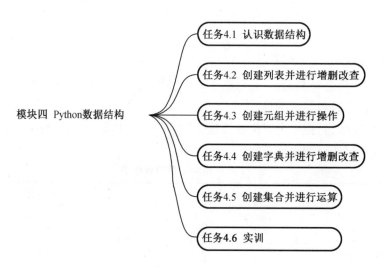

模块四　Python数据结构

- 任务4.1　认识数据结构
- 任务4.2　创建列表并进行增删改查
- 任务4.3　创建元组并进行操作
- 任务4.4　创建字典并进行增删改查
- 任务4.5　创建集合并进行运算
- 任务4.6　实训

主要内容

在实际的项目中,不仅需要处理简单的数据,更需要处理混合复杂的数据,Python 中将这些复杂数据进行分类,定义了数据结构。本章主要介绍 Python 中常用的数据结构及其特性,并对其进行常用的基本操作。

学习目标

1. 了解基本的数据结构;
2. 掌握列表的创建并进行增删改查操作;
3. 了解元组的特性;
4. 掌握字典的创建并进行增删改查操作;
5. 掌握集合运算操作。

任务 4.1　认识数据结构

任务描述

Python 中有几种数据结构的类型,这些数据结构有哪些? 如何区分可变与不可变数据类型?

🔱 任务分析

1)了解组合数据类型的分类;
2)区分可变与不可变数据类型。

🔱 知识讲解

4.1.1 认识数据结构类型

Python 中的数据结构是指以某种方式将简单的数据元素进行组合,形成一个数据元素的集合,其中主要包括三种数据结构的类型,有序列、映射和集合。几乎所有的 Python 数据结构都可以归为这三类。

1. 序列类型

序列是以一块连续的存储空间来存储按一定顺序排列的值,每一个值都是一个元素,每个元素都有一个对应的数字表示其索引位置,索引位置从 0 开始取值。Python 中的序列类型主要包括列表、元组、字符串等。

2. 映射类型

映射类型就是存储了两组数据,每组数据之间存在映射关系。在 Python 数据结构类型中的映射类型为字典(dictionary),与序列不同的特点是,映射中的数据没有排列的顺序。

3. 集合类型

Python 中的集合类型与数学中的集合类似,都是指具有某种特性的数据汇总而成的组合,其中组合中的对象称为该集合中的元素。集合中的元素不可重复,即集合中的元素是确定且互异的。集合的类型包括可变集合(set)和不可变集合(frozenset)。

4.1.2 可变数据类型与不可变数据类型

可变数据类型可以直接对数据结构内的元素进行增、删、改、查等操作,Python 中的可变数据类型有列表、字典、可变集合等。

不可变数据类型不能直接对数据结构内的元素进行增、删、改、查等操作,Python 中不可变的数据类型有元组、不可变集合等。

任务 4.2 创建列表并进行增删改查

🔱 任务描述

创建一个列表,其元素包含 cat、dog、10、20、hat、mice,并对其进行以下操作:

1)增加一个"pear"元素;
2)删除列表中第二个元素;
3)修改列表中的数值变为原有数值的 2 倍;

4）查询 mice 在列表中的第几位；

5）输出修改完的列表的个数；

6）输出执行完上述操作的列表。

任务分析

1）了解列表的特性；

2）掌握列表的增删改查等操作；

3）了解列表中函数的使用。

知识讲解

4.2.1 认识列表的概念与特性

1. 索引

列表是数据元素按照一定顺序排列所构成的有序集合，其元素可以是数字、字母、元组、字典等。在介绍数据元素之前，需要明确一个重要的概念——索引。

在数据结构中，每一个元素都有一个下标，这个下标叫作索引。正向索引从 0 开始，索引位置为 0 的元素就是第一个元素，下标为 1 的元素就是第二个元素，以此类推，如图 4.1 所示。

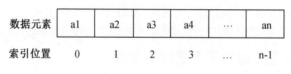

图 4.1　正索引位置

Python 中的索引位置还可以是负数，从右往左计数，负数索引是从-1 开始，索引位置为-1 的元素就是第 n 个元素，下标为-2 的位置就是 n-1 个元素，以此类推，如图 4.2 所示。

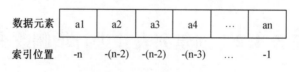

图 4.2　负索引位置

2. 切片

在处理数据结构中的元素时，不仅要提取处理一个元素，有时也要提取处理一定范围内的元素，这时就需要用到切片的方式来访问这些元素，其语法格式如下：

> 结构名[起始索引位置:终点索引位置:步长]

其中，起点索引位置可以省略，在省略的情况下起始位置默认从索引位置 0 的元素开始；步长也可以省略，在省略步长的情况下，默认步长为 1。

【例 4.1】　对列表[1,2,3,4,5,6,7,8,9,10]进行切片操作。

```
list1=[1,2,3,4,5,6,7,8,9,10]
print(list1[1:5:2])
print(list1[:7])
```

其输出结果如图 4.3 所示。

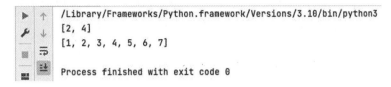

图 4.3　输出结果

从输出结果可以看出,终点索引位置是 7,但是输出的结果最后一位是索引位置为 6 的数据,因此切片操作的输出结果是不包含重点索引位置上的数据的。

4.2.2　创建列表

Python 中的列表创建有两种不同的方式,一种是直接使用方括号[ ]创建,另一种是使用函数进行创建。

1. 方括号创建列表

使用方括号创建列表,需要将数据元素放进方括号内,并以逗号将其分隔开,这样就可以创建一个列表;当方括号内没有任何元素时,就创建了一个空列表;列表内的元素可以是数字、字符、列表、元组等,其创建方式与输出结果如图 4.4 所示。

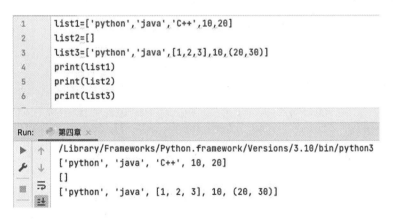

图 4.4　方括号创建列表及结果

2. list 函数创建列表

使用 list 函数创建列表实质上是将数据结构类型的对象转换成列表,使用 list 函数创建列表的语法格式如下:

```
list(数据)
```

其数据可以是列表、元组、字典等,其创建方式与输出结果如图 4.5 所示。

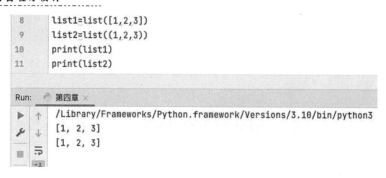

图 4.5 list 函数创建列表及结果

4.2.3 列表基本操作

1. 增添列表元素

Python 中增添列表元素的常见方式有三种——append、insert 以及 extend。

1) append 增添元素

append 增添列表元素一次只可以添加一个元素,并且这个元素被添加在原有列表的末尾,其语法格式如下:

列表名.append('增添元素')

【例 4.2】 在列表 ['python','java','C++',10,20,[1,2,3]] 中增添一个元素"web"。

```
list1 = ['python','java','C++',10,20,[1,2,3]]
list1.append("web")
```

其输出结果如图 4.6 所示。

```
12    list1=['python','java','C++',10,20,[1,2,3]]
13    list1.append('web')
14    print(list1)
```

```
Run:    第四章 ×
     /Library/Frameworks/Python.framework/Versions/3.10/bin/python3
     ['python', 'java', 'C++', 10, 20, [1, 2, 3], 'web']
```

图 4.6 append 方式增添元素

2) insert 增添列表元素

insert 类似 append 方法,可以一次增添一个元素,但是 append 只可以在原列表末尾增添元素,insert 方法比 append 稍微灵活一些,它可以在指定位置增添一个元素,其语法格式如下:

列表名.insert(插入位置,增添元素)

【例 4.3】 在列表 ['python','java','C++',10,20,[1,2,3]] 中 C++和 10 中间增添一个元素"web"。

```
list1 = ['python','java','C++',10,20,[1,2,3]]
list1.insert(2,'web')
```

其输出结果如图 4.7 所示。

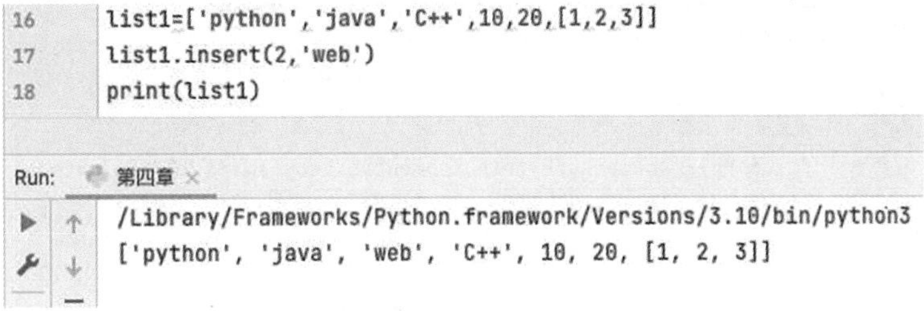

```
16    list1=['python','java','C++',10,20,[1,2,3]]
17    list1.insert(2,'web')
18    print(list1)
```

```
Run:    🌐 第四章 ×
▶  ↑    /Library/Frameworks/Python.framework/Versions/3.10/bin/python3
🔧  ↓    ['python', 'java', 'web', 'C++', 10, 20, [1, 2, 3]]
   —
```

图 4.7   insert 方法增添元素

3)extend 增添列表元素

extend 可以将新列表中的元素添加到原有列表后,相当于对两个列表进行拼接,其语法格式如下:

原列表名.extend(新列表名)

【例 4.4】   在列表['python','java','C++',10,20,[1,2,3]]中 C++和 10 中间增添列表[4,5,6]中的元素。

```
list1=['python','java','C++',10,20,[1,2,3]]
list2=[4,5,6]
list1.extend(list2)
```

其输出结果如图 4.8 所示。

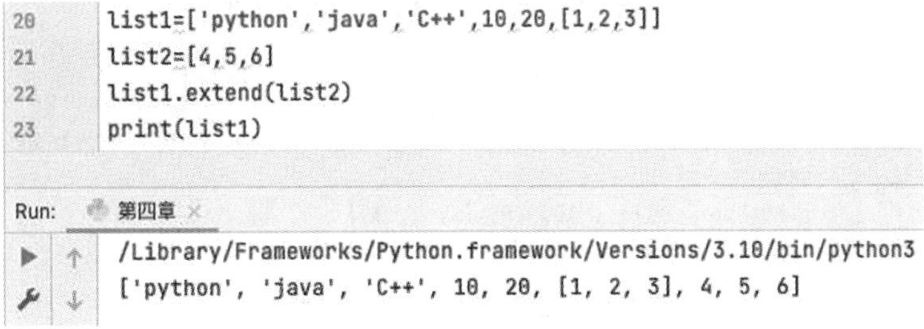

```
20    list1=['python','java','C++',10,20,[1,2,3]]
21    list2=[4,5,6]
22    list1.extend(list2)
23    print(list1)
```

```
Run:    🌐 第四章 ×
▶  ↑    /Library/Frameworks/Python.framework/Versions/3.10/bin/python3
🔧  ↓    ['python', 'java', 'C++', 10, 20, [1, 2, 3], 4, 5, 6]
```

图 4.8   extend 方法增添列表

2. 删除列表元素

1)del 删除列表元素

del 删除方式可以将指定位置上的元素删除,其语法格式如下:

del 列表名[指定删除元素的索引位置]

【例 4.5】   在列表['python','java','C++',10,20,[1,2,3]]中删除"java"这个元素。

```
list1=['python','java','C++',10,20,[1,2,3]]
del list1[1]
```

其输出结果如图 4.9 所示。

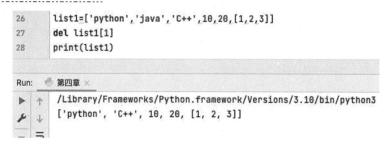

图 4.9　del 方法删除元素

2）pop 删除列表元素

使用 pop 语句也可以对指定位置上的列表元素进行删除,并可以将删除的元素进行输出显示,其语法格式如下:

列表名.pop(指定删除元素的索引位置)

【**例 4.6**】　在列表['python','java','C++',10,20,[1,2,3]]中删除"java"这个元素,并输出所删除的元素。

```
list1=['python','java','C++',10,20,[1,2,3]]
list1.pop(1)
```

其输出结果如图 4.10 所示。

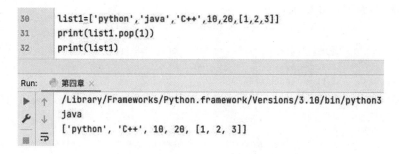

图 4.10　pop 方法删除列表元素

3）remove 删除列表元素

除了使用 del、pop 语句进行指定位置删除列表元素之外,还可以使用 remove 语句进行指定元素删除,其语法格式如下:

列表名.remove('指定删除元素')

【**例 4.7**】　使用 remove 方法做例 4.5。

```
list1=['python','java','C++',10,20,[1,2,3]]
list1.remove('java')
```

其输出结果如图 4.11 所示。

3.修改列表元素

列表是可变的数据结构,所以对其数据元素进行修改可以直接通过索引位置获取该元素,并重新为其赋值。

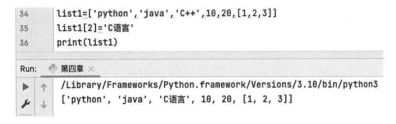

图4.11 remove方法删除元素

【例4.8】 将列表['python','java','C++',10,20,[1,2,3]]中的第三个元素修改成'C语言'。

> list1=['python','java','C++',10,20,[1,2,3]]
> list1[2]='C语言'

其输出结果如图4.12所示。

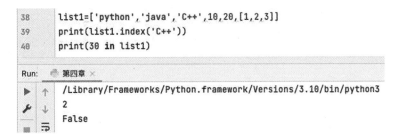

图4.12 修改列表元素

4.查询列表元素

1)index查询列表元素

在列表中可以使用index函数来查询指定元素第一次出现的位置,其语法格式如下:

> 列表名.index('指定查询的元素')

2)in查询列表元素

在Python中也可以使用in来判断指定元素是否在列表中,如果在列表中,则输出Ture,否则输出False。

【例4.9】 现有列表['python','java','C++',10,20,[1,2,3]],查询"C++"在列表中的位置,并判断数字30是否在列表中。

> 列表名.index('指定查询的元素')

其输出结果如图4.13所示。

```
38  list1=['python','java','C++',10,20,[1,2,3]]
39  print(list1.index('C++'))
40  print(30 in list1)
```

Run: 第四章 ×
/Library/Frameworks/Python.framework/Versions/3.10/bin/python3
2
False

图4.13 查询列表元素

4.2.4　列表其余常用操作

在 Python 中还有一些常用的操作可以对列表进行处理,这样可以实现更加复杂的处理,表 4.1 列举了在列表中一些较为常用的操作。

表 4.1　列表常见操作

列表操作	使用方法	解释说明
count	列表名.count("指定元素")	记录指定元素在列表中出现的次数
len	len(列表名)	求列表的长度
sort	列表名.sort()	对列表进行升序排列
sum	sum(列表名)	对于元素都是数值的列表计算列表中各元素之和

【例 4.10】　现有列表[30,20,20,10,50,50,40],完成针对表 4.1 的具体操作,其完整代码与输出结果如图 4.14 所示。

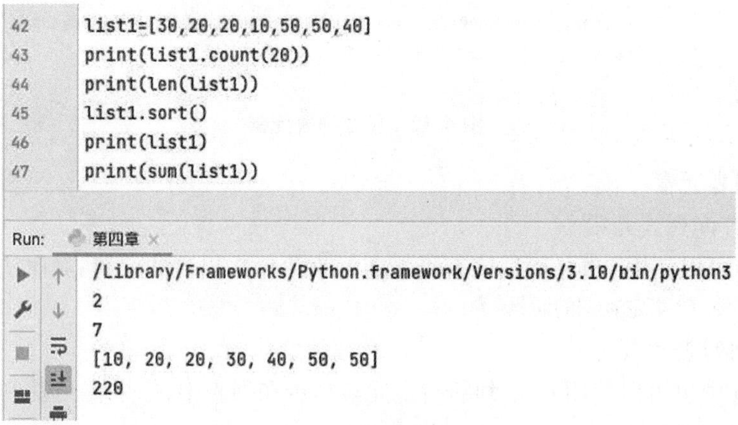

```
42    list1=[30,20,20,10,50,50,40]
43    print(list1.count(20))
44    print(len(list1))
45    list1.sort()
46    print(list1)
47    print(sum(list1))
```

```
Run:    第四章 ×
    /Library/Frameworks/Python.framework/Versions/3.10/bin/python3
    2
    7
    [10, 20, 20, 30, 40, 50, 50]
    220
```

图 4.14　常见操作

4.2.5　任务实现

1.任务编码

```
list2 = ['cat','dog',10,20,'hat','mice']
list2.append('pear')
del list2[1]
print(list2)
list2[1] * = 2
list2[2] * = 2
print(list2.index('mice'))
print(len(list2))
print(list2)
```

2.执行结果

执行结果如图 4.15 所示。

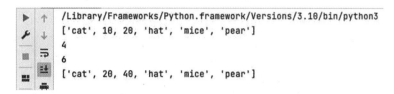

/Library/Frameworks/Python.framework/Versions/3.10/bin/python3
['cat', 10, 20, 'hat', 'mice', 'pear']
4
6
['cat', 20, 40, 'hat', 'mice', 'pear']

图 4.15 执行结果

任务 4.3 创建元组并进行操作

任务描述

创建一个元组,其元素包含 cat、dog、10、20、hat、mice,并对其进行以下操作:

1)查询元素 dog 所在位置;

2)提取数值元素;

3)求元组中元素的个数。

任务分析

1)了解元组与列表之间的不同之处;

2)掌握如何创建元组;

3)掌握元组的常见操作。

知识讲解

元组与列表相似,都是有序元素的集合,但是在前面章节中提到过,元组属于不可变数据类型,因此无法对元组中的元素直接进行赋值修改、增添与删除等操作。

4.3.1 创建元组

Python 中的元组创建有两种不同的方式,一种是直接使用圆括号( )创建,另一种是使用函数进行创建。

1.圆括号创建元组

使用圆括号创建元组,需要将数据元素放进圆括号内,并以逗号将其分割开,这样就可以创建一个元组;当圆括号内没有任何元素时,就创建了一个空元组;元组内的元素和列表一样,可以是数字、字符、列表、元组等。元组的创建方式与输出结果如图 4.16。

图 4.16   圆括号创建元组及结果

需要注意的一点时,当元组内只有一个元素时,其后面需要有一个逗号,来确保输出时元组的形式(在 Python 中我们可以使用 type 函数来查看数据格式),如图 4.17 所示。

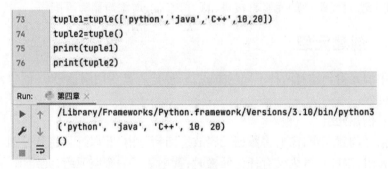

图 4.17   查看元组格式

根据图 4.17 可以看出,在元组内只有一个元素的情况下,元素后不加一个逗号,系统会默认输出的格式是字符串类型。

2. tuple 函数创建元组

tuple 函数创建元组实质上是将数据结构类型的对象转换成元组,使用 tuple 函数元组的语法格式如下:

```
tuple(数据)
```

其创建方式与输出结果如图 4.18 所示。

```
73  tuple1=tuple(['python','java','C++',10,20])
74  tuple2=tuple()
75  print(tuple1)
76  print(tuple2)
```

```
Run:    第四章 ×
/Library/Frameworks/Python.framework/Versions/3.10/bin/python3
('python', 'java', 'C++', 10, 20)
()
```

图 4.18   tuple 函数创建元组及结果

4.3.2 元组的常见操作

1. 删除元组

如果想删除已创建的元组,可以使用 del 语句进行删除,其语法格式如下:

```
del 元组名称
```

【例 4.11】 删除元组('python','java','C++',10,20)。

```
tuple1=('python','java','C++',10,20)
del tuple1
```

2. 提取元组元素

与列表一样,元组也可以通过索引的方式来进行元素提取,同时也可以通过切片的方式对连续的元素进行提取,其代码如图 4.19 所示。

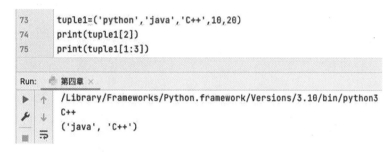

图 4.19　提取元组元素

3. 获取元组长度

len 函数可以获取元组的长度,即元组内元素的个数,其语法格式如下:

```
len(元组名字)
```

【例 4.12】 获取元组('python','java','C++',10,20)的长度。

```
tuple1=('python','java','C++',10,20)
print(len(tuple1))
```

其输出结果如图 4.20 所示。

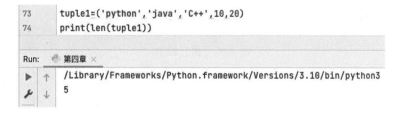

图 4.20　len 函数获取元组长度

4. 查询元素所在位置

在元组中可以使用 index 函数来查询指定元素第一次出现的位置,其语法格式如下:

```
元组名.index('指定查询的元素')
```

【例 4.13】 查询元组('python','java','C++',10,20)中数值 10 所在的位置。

```
tuple1=('python','java','C++',10,20)
print(tuple1.index(10))
```

其输出结果如图 4.21 所示。

```
73    tuple1=('python','java','C++',10,20)
74    print(tuple1.index(10))

Run:    第四章 ×
  ▶  ↑    /Library/Frameworks/Python.framework/Versions/3.10/bin/python3
  🔧  ↓    3
```

图 4.21　index 查询元素所在位置

4.3.3　任务实现

1. 任务编码

```
tuple1=('cat','dog',10,20,'hat','mice')
print(tuple1.index('dog'))
print(tuple1[2])
print(tuple1[3])
print(len(tuple1))
```

2. 执行结果

执行结果如图 4.22 所示。

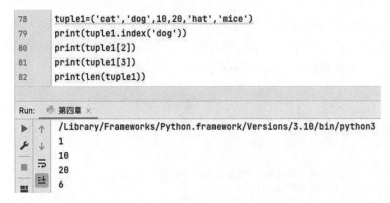

```
78    tuple1=('cat','dog',10,20,'hat','mice')
79    print(tuple1.index('dog'))
80    print(tuple1[2])
81    print(tuple1[3])
82    print(len(tuple1))

Run:    第四章 ×
  ▶  ↑    /Library/Frameworks/Python.framework/Versions/3.10/bin/python3
  🔧  ↓    1
  ■  ⇥    10
       ⇥    20
  ■      6
```

图 4.22　执行结果

任务 4.4　创建字典并进行增删改查

📥 任务描述

创建一个关于学生各科成绩的字典,包括数学成绩 85 分,语文成绩 90 分,物理成绩 100 分,化学成绩 70 分,生物成绩 92 分。

　　1)创建这个关于学生各科成绩的字典;

　　2)添加政治成绩 94 分;

　　3)删除低于 80 分的科目;

　　4)查看该学生物理的成绩;

　　5)修改该学生数学成绩为 82 分;

　　6)输出修改后的该字典。

任务分析

1)了解字典的概念与特性;
2)掌握创建字典;
3)掌握字典的增、删、改、查等操作。

知识讲解

4.4.1　认识字典的概念与特性

　　字典与列表、元组不同,字典在 Python 中属于映射类型的数据结构。字典中的元素由键与值两部分组成,一个键与一个值构成一个键值对。其特点如下:

　　1)字典中的键必须是唯一且不可变的,且字典是通过键来读取的;

　　2)字典是无序的。

4.4.2　创建字典

　　Python 中的字典创建有两种不同的方式,一种是直接使用花括号"( )"创建,另一种是使用函数进行创建。

　　1.花括号创建字典

　　使用花括号创建字典,需要将数据元素(键值对)放进花括号内,键和值之间以冒号隔开,键值对之间以逗号将其分割开,这样就可以创建一个字典;当花括号内没有任何元素时,就创建了一个空字典;如果传入的键出现了重复,字典最终会以后传入的键值对输出。字典的创建方式与输出结果如图 4.23 所示。

　　2.dict 函数创建字典

　　dict 函数创建字典的语法格式如下:

　　字典名 =dict(键 =值,…)

　　其创建方式与输出结果如图 4.24 所示。

　　需要注意的是,使用 dict 函数创建字典时,键是不需要加引号的。

```
84    dict1={'one':1,'two':2,'three':3,'four':4,'five':5}
85    dict2={'one':6,'two':2,'three':3,'four':4,'five':5,'one':1}
86    dict3={}
87    print(dict1)
88    print(dict2)
89    print(dict3)
```

```
Run:    第四章 ×
▶  ↑    /Library/Frameworks/Python.framework/Versions/3.10/bin/python3
🔧  ↓    {'one': 1, 'two': 2, 'three': 3, 'four': 4, 'five': 5}
        {'one': 1, 'two': 2, 'three': 3, 'four': 4, 'five': 5}
        {}
```

图 4.23   花括号创建字典及结果

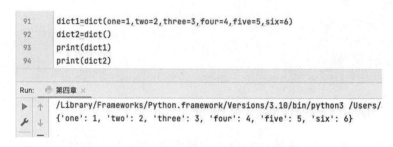

```
91    dict1=dict(one=1,two=2,three=3,four=4,five=5,six=6)
92    dict2=dict()
93    print(dict1)
94    print(dict2)
```

```
Run:    第四章 ×
▶  ↑    /Library/Frameworks/Python.framework/Versions/3.10/bin/python3 /Users/
🔧  ↓    {'one': 1, 'two': 2, 'three': 3, 'four': 4, 'five': 5, 'six': 6}
```

图 4.24   **dict** 函数创建字典及结果

4.4.3   字典基本操作

1. 增添字典元素

字典中增添字典元素的方法有两种,一种是使用直接赋值的方式在字典中添加一个元素,另一种是使用 update 将两个字典中的键值对进行合并。

1) 直接赋值增添元素

在字典中可以使用直接赋值的方式传入一个新的键与新的值,字典中会生成一个新的键值对,其语法格式如下:

字典名[键]=值

【例 4.14】   在字典 dict = {'one': 1, 'two': 2, 'three': 3, 'four': 4, 'five': 5, 'six': 6} 中增加一个键值对"seven" = 7。

dict1 = {'one':1,'two':2,'three':3,'four':4,'five':5,'six':6}
dict1['seven'] = 7

其输出结果如图 4.25 所示。

2) update 方法合并

字典中的 update 方法是可以将两个字典中的键值对进行合并,如果两个字典中存在相同的键,则新传入的值会代替原有值实现键值对的更新,其语法格式如下:

字典名 1.update(字典名 2)

```
96    dict1={'one':1,'two':2,'three':3,'four':4,'five':5,'six':6}
97    dict1['seven']=7
98    print(dict1)
```

Run: 第四章 ×

/Library/Frameworks/Python.framework/Versions/3.10/bin/python3 /Users/amberren,
{'one': 1, 'two': 2, 'three': 3, 'four': 4, 'five': 5, 'six': 6, 'seven': 7}

图 4.25　直接赋值添加元素

【例 4.15】　将字典{'one'：1，'two'：2，'three'：3}和字典{'three'：333，'four'：4，'five'：5}合并。

```
dict1 = {'one':1,'two':2,'three':3}
dict2 = {'three':333,'four':4,'five':5}
dict1.update(dict2)
```

其输出结果如图 4.26 所示。

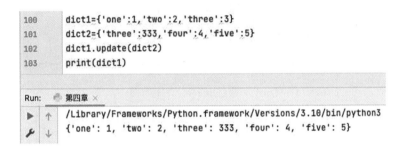

```
100    dict1={'one':1,'two':2,'three':3}
101    dict2={'three':333,'four':4,'five':5}
102    dict1.update(dict2)
103    print(dict1)
```

Run: 第四章 ×

/Library/Frameworks/Python.framework/Versions/3.10/bin/python3
{'one': 1, 'two': 2, 'three': 333, 'four': 4, 'five': 5}

图 4.26　update 合并两个字典

2. 删除字典元素

Python 中对于字典元素删除有三种方式,第一种是 del 语句删除字典中的一个指定的元素,第二种是 pop 语句删除一个指定的元素,第三种是 clear 语句,其可以直接清空字典,返回一个空字典。

1)del 语句

del 语句可以删除字典中一个指定的元组,其语法格式如下:

del 字典名[指定元素的键]

【例 4.16】　在字典 dict={'one'：1，'two'：2，'three'：3，'four'：4，'five'：5}中删除键值对"three"=3。

del dict1['three']

其输出结果如图 4.27 所示。

2)pop 语句

pop 语句与 del 语句类似,都是可以删除一个指定的元素,但 pop 语句可以输出删除的元素,其语法格式如下:

字典名.pop(指定元素的键)

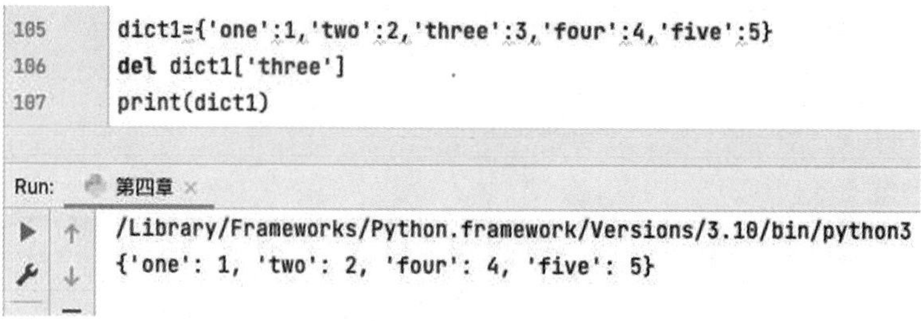

```
105    dict1={'one':1,'two':2,'three':3,'four':4,'five':5}
106    del dict1['three']
107    print(dict1)
```

Run: 第四章 ×

/Library/Frameworks/Python.framework/Versions/3.10/bin/python3
{'one': 1, 'two': 2, 'four': 4, 'five': 5}

图 4.27   del 语句删除字典元素

使用 pop 语句做例 4.16,并输出被删除的元素:

dict1={'one':1,'two':2,'three':3,'four':4,'five':5}
print(dict1.pop('three'))

其输出结果如图 4.28 所示。

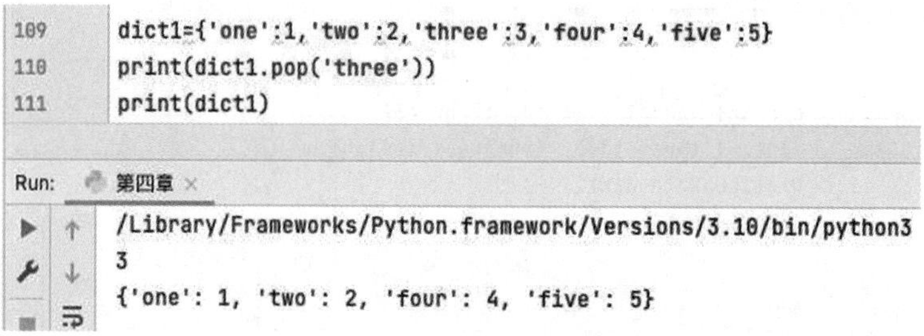

```
109    dict1={'one':1,'two':2,'three':3,'four':4,'five':5}
110    print(dict1.pop('three'))
111    print(dict1)
```

Run: 第四章 ×

/Library/Frameworks/Python.framework/Versions/3.10/bin/python3
3
{'one': 1, 'two': 2, 'four': 4, 'five': 5}

图 4.28   pop 语句删除字典元素

3)clear 语句

clear 与 del 和 pop 语句不同,clear 是删除字典中所有的元素,输出一个空的字典,其语法格式如下:

字典名.clear()

【例 4.17】   删除字典 dict={'one':1,'two':2,'three':3,'four':4,'five':5}中所有的元素。

字典名.clear()

其输出结果如图 4.29 所示。

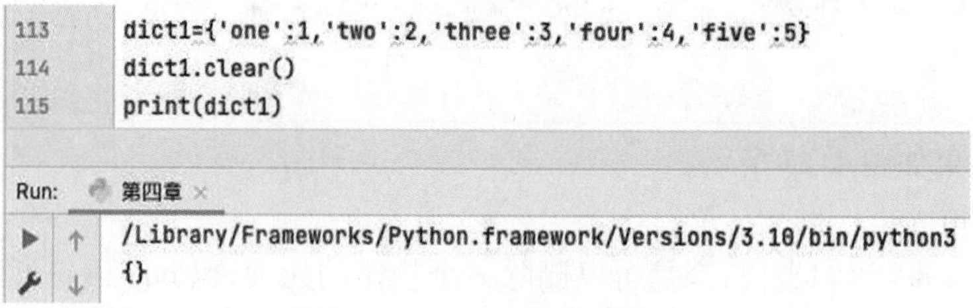

```
113    dict1={'one':1,'two':2,'three':3,'four':4,'five':5}
114    dict1.clear()
115    print(dict1)
```

Run: 第四章 ×

/Library/Frameworks/Python.framework/Versions/3.10/bin/python3
{}

图 4.29   clear 语句删除字典元素

3. 修改字典元素

字典中值的修改是可以通过赋值来实现的,其语法格式如下:

字典名[待修改元素的键]＝新的值

【例4.18】 将字典 dict＝{′one′：1，′two′：2，′three′：3，′four′：4，′five′：5}中键 "three"所对应的值修改成333。

```
dict1={′one′:1,′two′:2,′three′:3,′four′:4,′five′:5}
dict1[′three′]=333
```

其输出结果如图4.30所示。

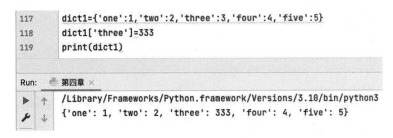

```
117   dict1={'one':1,'two':2,'three':3,'four':4,'five':5}
118   dict1['three']=333
119   print(dict1)
```

Run: 第四章 ×
/Library/Frameworks/Python.framework/Versions/3.10/bin/python3
{'one': 1, 'two': 2, 'three': 333, 'four': 4, 'five': 5}

图4.30 修改字典元素

4.查询字典元素

1）in 判断

字典与其他数据结构一样，都可以使用 in 来判断键是否存在于字典中，如果在，输出 True，否则输出 False，其语法格式如下：

待确定键 in 字典名

【例4.19】 判断'seven'是否在字典 dict＝{′one′：1，′two′：2，′three′：3，′four′：4，′five′：5}中。

```
dict1={′one′:1,′two′:2,′three′:3,′four′:4,′five′:5}
print(′seven′ in dict1)
```

其输出结果如图4.31所示。

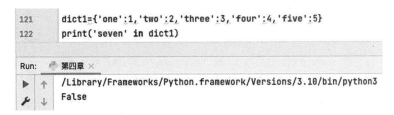

```
121   dict1={'one':1,'two':2,'three':3,'four':4,'five':5}
122   print('seven' in dict1)
```

Run: 第四章 ×
/Library/Frameworks/Python.framework/Versions/3.10/bin/python3
False

图4.31 in 判断

2）获取字典中所有的键、值、键值对

Python 中可以使用 keys、values 以及 items 来分别获取字典中所有的键、值以及键值对，其语法格式如下：

```
字典名.keys
字典名.valus
字典名.items
```

【例4.20】 输出字典 dict1＝{′one′：1，′two′：2，′three′：3，′four′：4，′five′：5}中所有的

✤ 键、值与键值对。

```
dict1={'one':1,'two':2,'three':3,'four':4,'five':5}
print(dict1.keys())
print(dict1.values())
print(dict1.items())
```

其输出结果如图 4.32 所示。

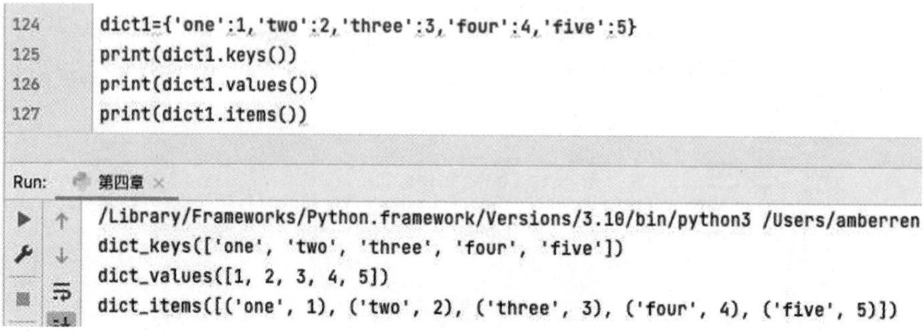

```
124    dict1={'one':1,'two':2,'three':3,'four':4,'five':5}
125    print(dict1.keys())
126    print(dict1.values())
127    print(dict1.items())
```

Run: 第四章 ×
/Library/Frameworks/Python.framework/Versions/3.10/bin/python3 /Users/amberren
dict_keys(['one', 'two', 'three', 'four', 'five'])
dict_values([1, 2, 3, 4, 5])
dict_items([('one', 1), ('two', 2), ('three', 3), ('four', 4), ('five', 5)])

图 4.32   获取所有的键、值及键值对

4.4.4   任务实现

1. 任务编码

```
score={'数学':85,'语文':90,'物理':100,'化学':70,'生物':92}
score['政治']=94
del score['化学']
print(score['物理'])
score['数学']=82
print(score)
```

2. 执行结果

执行结果如图 4.33 所示。

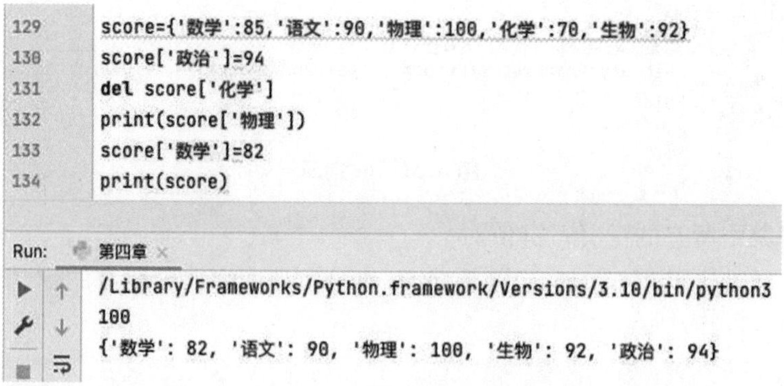

```
129    score={'数学':85,'语文':90,'物理':100,'化学':70,'生物':92}
130    score['政治']=94
131    del score['化学']
132    print(score['物理'])
133    score['数学']=82
134    print(score)
```

Run: 第四章 ×
/Library/Frameworks/Python.framework/Versions/3.10/bin/python3
100
{'数学': 82, '语文': 90, '物理': 100, '生物': 92, '政治': 94}

图 4.33   执行结果

任务 4.5 创建集合并进行运算

任务描述

创建两个集合,第一个集合的元素有 A、B、C、D,第二个集合的元素有 B、C、F、T、J。

1)创建这两个集合;

2)向第一个集合里加入元素 Z;

3)求这两个集合的交集、并集、差集和异或集。

任务分析

1)了解集合的特点;

2)掌握集合的创建;

3)掌握集合的常用函数;

4)掌握集合的运算。

知识讲解

4.5.1 认识集合的概念与特性

Python 中的集合与数学中集合的概念相似,但 Python 中的集合分为可变集合(set)与不可变集合(frozenset)。集合中的元素是不可重复的,且可以进行下述操作的集合都属于可变集合(set)。

Python 中对于集合比较常见的操作就是求交集、并集、差集等运算。

4.5.2 创建集合

集合的创建有两种方法,一个是使用花括号直接进行创建,另一种是可以将其他数据类型转换为集合。

1)花括号创建集合

使用花括号创建集合,需要将数据元素放进花括号内,元素之间以逗号分隔开,这样就可以创建一个集合。集合的创建方式与输出结果如图 4.34 所示。

2)set 函数创建集合

set 函数创建集合的实质是将其余类型的数据结构转换为集合类型,其语法格式如下:

集合名=set(数据)

其创建方式与输出结果如图 4.35 所示。

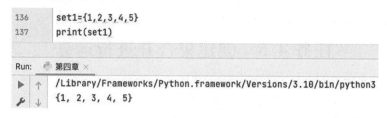

图 4.34　花括号创建集合

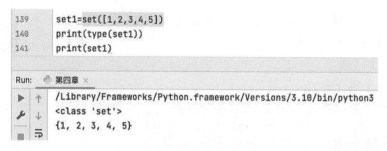

图 4.35　set 函数创建集合

4.5.3　集合常见操作与运算

1. 增添元素

1）add 增添元素

add 可以向可变集合中增添一个元素，其语法格式如下：

集合名.add(待添加元素)

2）update 增添元素

update 是将两个可变集合的元素合并，其语法格式如下：

集合1.update(集合2)

【例 4.21】　集合 1 中元素有 1,2,3,4,5，集合 2 中元素有 6,7,8。现将集合 1 中增添元素 9，并将两个集合合并。

集合名.add(待添加元素)

其输出结果如图 4.36 所示。

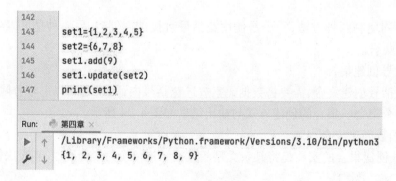

图 4.36　增添元素

2. 并集

将两个集合中所有的元素组合在一起的集合称为并集,如图4.37所示。

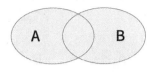

图 4.37　并集

在 Pyhton 中可以使用符号|或者函数 union 来表示两个集合的并集,其案例如图 4.38 所示。

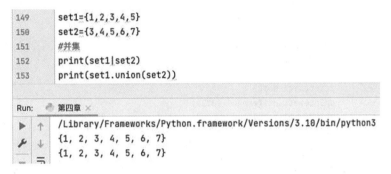

图 4.38　并集案例

3. 交集

将两个集合中相同的元素组合在一起称为交集,如图4.39所示。

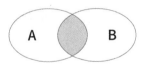

图 4.39　交集

在 Python 中可以使用符号 & 或者函数 intersection 来表示两个集合的交集,其案例如图 4.40 所示。

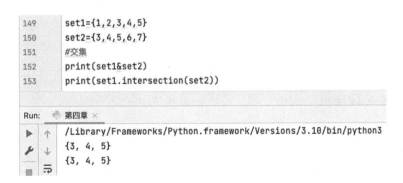

图 4.40　交集案例

4. 差集

元素在集合 1 里而不在集合 2 里,这样的元素构成的集合称为集合 1 和集合 2 的差集, 反之元素在集合 2 里而不在集合 1 里,则称为集合 2 和集合 1 的差集,如图 4.41 所示。

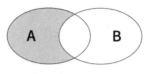

图 4.41　差集

在 Python 中,可以使用符号"−"或者函数"difference"来表示两个集合的差集,其案例 如图 4.42 所示。

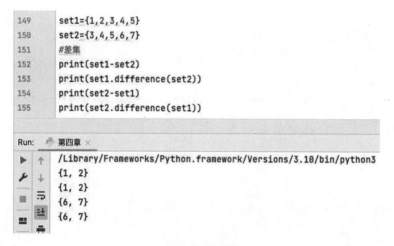

图 4.42　差集案例

5. 异或集

元素在集合 1 里或者在集合 2 里,但是不同时属于集合 1 与集合 2,这样元素的集合称 成为异或集,如图 4.43 所示。

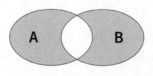

图 4.43　异或集

在 Python 中,可以使用符号"^"或者函数"symmetri _difference"来表示两个集合的异或 集,其案例如图 4.44 所示。

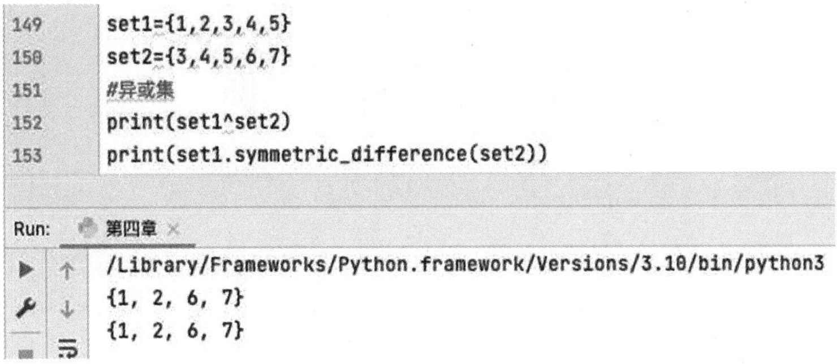

```
149    set1={1,2,3,4,5}
150    set2={3,4,5,6,7}
151    #异或集
152    print(set1^set2)
153    print(set1.symmetric_difference(set2))
```

```
Run:    第四章 ×
▶  ↑   /Library/Frameworks/Python.framework/Versions/3.10/bin/python3
✖  ↓   {1, 2, 6, 7}
■  ⇶   {1, 2, 6, 7}
```

图 4.44 异或集案例

4.5.4 任务实现

1. 任务编码

```
X={'A','B','C','D'}
Y={'B','C','F','T','J'}
X.add('Z')
print(X.union(Y))
print(X.intersection(Y))
print(X.difference(Y))
print(Y.difference(X))
print(X.symmetric_difference(Y))
```

2. 执行结果。

执行结果如图 4.45 所示。

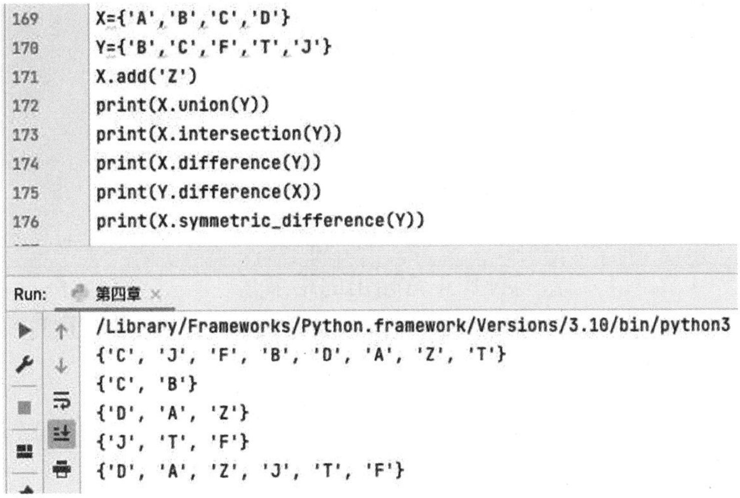

```
169    X={'A','B','C','D'}
170    Y={'B','C','F','T','J'}
171    X.add('Z')
172    print(X.union(Y))
173    print(X.intersection(Y))
174    print(X.difference(Y))
175    print(Y.difference(X))
176    print(X.symmetric_difference(Y))
```

```
Run:    第四章 ×
▶  ↑   /Library/Frameworks/Python.framework/Versions/3.10/bin/python3
✖  ↓   {'C', 'J', 'F', 'B', 'D', 'A', 'Z', 'T'}
■  ⇶   {'C', 'B'}
■  ⇌   {'D', 'A', 'Z'}
■  ↥   {'J', 'T', 'F'}
▲  🖶   {'D', 'A', 'Z', 'J', 'T', 'F'}
```

图 4.45 执行结果

任务 4.6　实　　训

1. 实训内容

模拟淘宝购物车购物过程——将商品添加进购物车与将商品从购物车里删除的过程。

> **淘宝购物车功能：**
>
> 1. 添加商品
>
> 2. 删除商品
>
> 请输入您想要的功能：
>
> 请输入您想要加入购物车的物品名称：
>
> 请输入它的价格：
>
> 提示：该商品已加入购物车。

2. 实训要点

1）熟练掌握字典的创建；

2）掌握数据结构元素的存储；

3）掌握数据结构元素的删除。

3. 实训思路

1）创建存储商品名称与价格的字典；

2）创建循环，并正确判断循环条件；

3）将商品元素加进字典中；

4）用字典的添加与删除语句实现商品的添加与删除操作。

📥 课后习题

一、选择题

1. Python 的数据结构中属于不可变结构的是　　　　　　　　　　　　　　（　　）

A. 字典　　　　　　　B. 列表　　　　　　C. 元组　　　　　　　D. set

2. 对 list1＝[1,2,3,4,5]进行操作正常输出的结果是　　　　　　　　　　　（　　）

A. list1[5:1:1]　　　B. list1[1:3:]　　　C. list1[1,3]　　　　D. [1:3:3]

3. 下面对元组操作正确的是　　　　　　　　　　　　　　　　　　　　　（　　）

A. tuple1. add()　　　B. tuple1. pop()　　C. tuple1. index()　　D. tuple. sort()

4. 字典 dict1＝{'one'：1, 'two'：2, 'three'：3, 'four'：4, 'five'：5}执行 del dict1['two']后得到的字典是　　　　　　　　　　　　　　　　　　　　　　　　　（　　）

　A. {'one'：1, 'two'：2, 'three'：3, 'four'：4, 'five'：5}

　B. {'one'：1, 'three'：3, 'four'：4, 'five'：5}

　C. {'one'：1, 'three'：3, 'four'：4, 'five'：5}

　D. {}

5. Python 中 A|B 实现的集合操作是 （　　）

A. 交集　　　　　　B. 并集　　　　　　C. 差集　　　　　　D. 异或集

二、操作题

对列表[4,7,12,−6,19,33,52,1]进行降序排列,并删除最大的元素,同时将其转换为元组类型。

附件　章节评价表

班级		学号		学生姓名	
	内容		评价		
	目标	评价项目	优秀	良好	合格
学习能力	基本概念	列表操作			
		元组操作			
		字典操作			
		集合运算			
通用能力	基本操作能力				
	创新能力				
	自主学习能力				
	小组协作能力				
综合评价			综合得分		

模块五　函　数

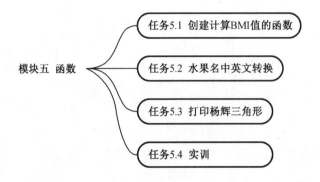

模块五　函数
- 任务5.1　创建计算BMI值的函数
- 任务5.2　水果名中英文转换
- 任务5.3　打印杨辉三角形
- 任务5.4　实训

主要内容

在前四个模块中我们所涉及的代码都是从上至下依次执行的,但在较复杂的项目中,一段代码可能会被重复使用,如果重复进行代码段的编写,会产生非必要的工作量,程序的可读性会变差,这种做法会影响开发的效率,因此引入了函数。函数可以将某一功能的代码定义为一个函数,在需要使用的时候调用即可。

本章将对函数的创建、调用、参数以及作用域等进行详细的介绍。

学习目标

1. 掌握自定义函数的创建与调用;
2. 掌握函数中参数的设置;
3. 掌握变量的作用域;
4. 掌握匿名函数;
5. 掌握递归函数。

任务 5.1　创建计算 BMI 值的函数

任务描述

在前面的模块中我们学过如何计算身体 BMI 值,那么怎么创建 BMI 值的函数呢?

任务分析

1）掌握函数的创建；
2）掌握函数的调用；
3）了解函数中的参数。

知识讲解

5.1.1 函数创建

创建函数也叫定义函数，在 Python 中使用关键字 def 来定义函数，其语法格式如下：

```
def 自定义函数名(参数):
    语句块
```

其中，自定义函数名是在调用函数的时候使用，参数是指用于定向函数中传递的参数。

【例5.1】 自定义一个函数，实现加法。

```
def adds():
    s=100+200
    print(s)
```

上述代码执行并不会输出结果，自定义函数只有经过调用才会执行。

5.1.2 函数调用

函数的调用语法格式如下：

```
自定义函数名(参数)
```

【例5.2】 对例5.1中的 adds 函数调用。

```
adds()
```

其输出结果如图5.1所示。

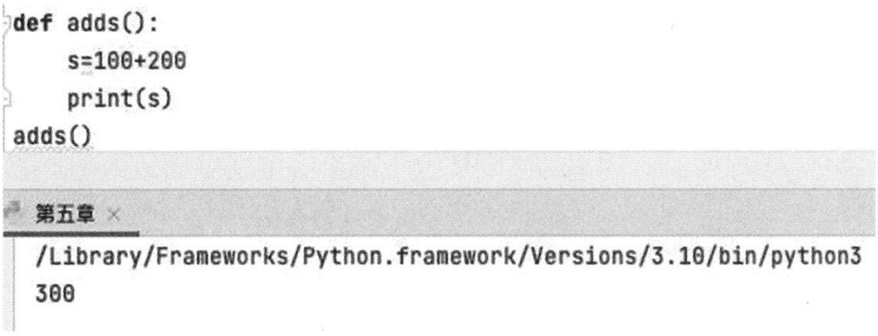

图 5.1 adds 函数输出结果

上述代码中，自定义了一个加法函数，该函数是无参数的函数，只能计算100+200 的值，那么在实际项目中的实用性不高，故此引入参数。

5.1.3 参数

对于例5.1中创建的加法函数，可以使用如下方式进行修改：

```
def adds(a,b):
    s=a+b
    print(s)
adds(100,200)
```

其输出结果如图 5.2 所示。

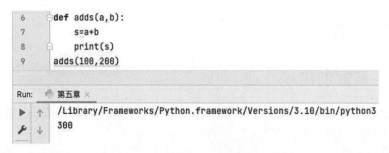

图 5.2　adds 函数修改输出结果

1. 形式参数与实际参数

在使用函数时,通常会使用到形式参数与实际参数。

形式参数:在定义函数时,函数名后括号内的参数就是形式参数,没有实际的值,如图 5.3 所示。

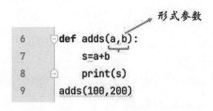

图 5.3　形式参数

实际参数:在调用函数时,函数名后括号内的参数就是实际参数,如图 5.4 所示。

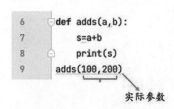

图 5.4　实际参数

2. 位置参数

位置参数是必须按照正确的顺序传入到自定义函数中,其要求有两点:第一,参数数量必须与定义时保持一致;第二,参数对应位置必须与定义时保持一致。

【例 5.3】　定义输出函数,对传入的参数进行输出。

```
def prints(a,b,c,d):
    print(a)
    print(b)
    print(c)
```

```
    print(d)
prints(1,2,3,4)
```

其输出结果如图 5.5 所示。

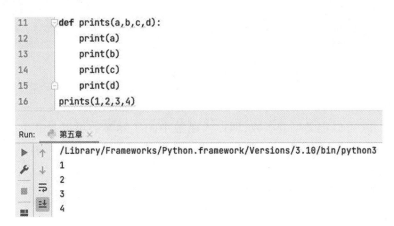

图 5.5 输出结果

3. 默认参数

默认参数是定义函数时为参数提供的默认值,在调用函数时,默认参数可以不传入,需注意的一点是,默认参数的位置需在所有的位置参数之后。

【例 5.4】 对以下乘法函数进行调用。

```
def muls(a,b=2,c=5 ):
    print(a*b*c)
muls(2)
```

其输出结果如图 5.6 所示。

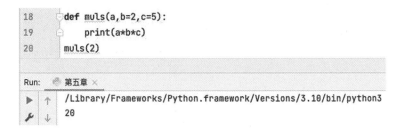

图 5.6 输出结果

4. 关键字参数

关键字参数是指使用形式参数来确定输入的参数值,在以此种方式指定实际参数时,不需要考虑其与形式参数的位置,可以避免位置颠倒的错误发生。以例 5.4 为例:

```
def muls(a,b,c ):
    print(a*b*c)
muls(a=2,c=5,b=4)
```

其输出结果如图 5.7 所示。

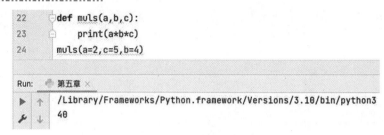

图 5.7　输出结果

5. 可变参数

在 Python 中,可以定义可变参数,即传入函数中的实际参数可以是 0,1,2 甚至任意数量。可变参数一共有两种形式,一种是 * parameter,另一种是 * * parameter。

1) * parameter

这种可变参数实质上是将多个实际参数放入一个元组中。

【例 5.5】　定义一个函数,将多个变量输出。

```
def prints(a,b, * parameter):
    print(a)
    print(b)
    print( * parameter)
prints(1,2,3,4,5,6,7,8)
```

其输出结果如图 5.8 所示。

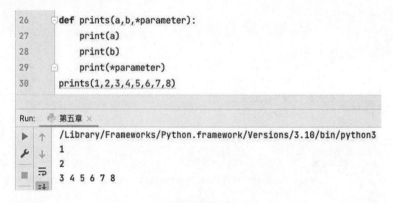

图 5.8　输出结果

2) * * parameter

这种可变参数实质上是将多个实际参数放入一个字典中。

【例 5.6】　定义一个函数,让其可以接收任意多个赋值的实际参数。

```
def printdict( * * parameter):
    for key,value in parameter.items():
        print(key,value)
printdict(one = 1,two = 2,three = 3,four = 4)
```

其输出结果如图 5.9 所示。

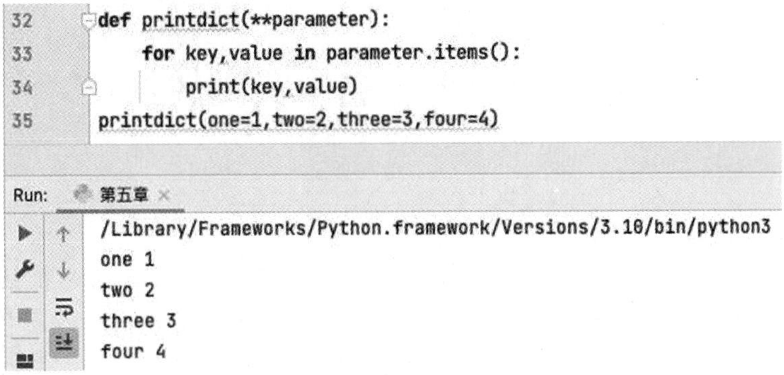

```
32    def printdict(**parameter):
33        for key,value in parameter.items():
34            print(key,value)
35    printdict(one=1,two=2,three=3,four=4)
```

```
Run:    第五章 ×
    ▶   ↑   /Library/Frameworks/Python.framework/Versions/3.10/bin/python3
    �’’  ↓   one 1
            two 2
    ▣   ⇥   three 3
    ▤   ⤓   four 4
```

图 5.9 输出结果

5.1.4 任务实现

1. 任务编码

```
def bmi(person,height,weight):
    print(person,'的身高是',height,'m,体重是',weight,'kg')
    bmi=weight/(height*height)
    print(person,'的bmi指数是',bmi)
    if bmi<18.5:
        print('您的体重稍轻')
    if bmi>=18.5 and bmi<24.9:
        print('正常')
    if bmi>=24.9:
        print('要稍微注意一点')
bmi('amberren',1.75,50)
```

2. 执行结果

执行结果如图 5.10 所示。

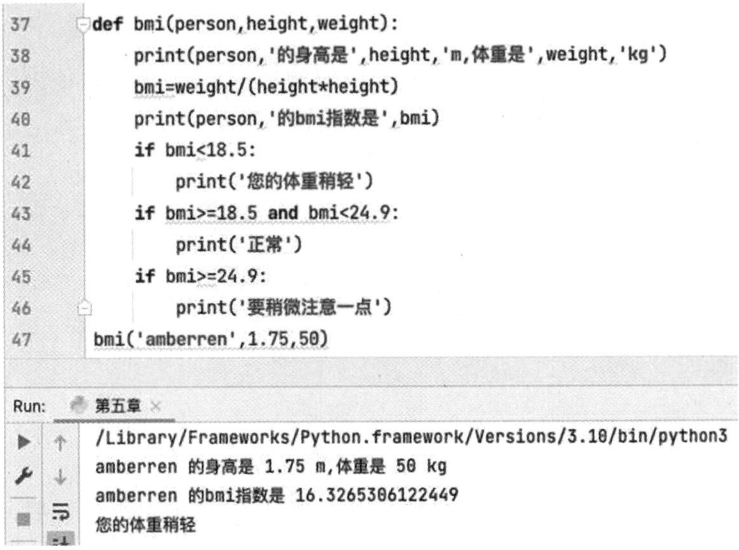

```
37    def bmi(person,height,weight):
38        print(person,'的身高是',height,'m,体重是',weight,'kg')
39        bmi=weight/(height*height)
40        print(person,'的bmi指数是',bmi)
41        if bmi<18.5:
42            print('您的体重稍轻')
43        if bmi>=18.5 and bmi<24.9:
44            print('正常')
45        if bmi>=24.9:
46            print('要稍微注意一点')
47    bmi('amberren',1.75,50)
```

```
Run:    第五章 ×
    ▶   ↑   /Library/Frameworks/Python.framework/Versions/3.10/bin/python3
    ⚒   ↓   amberren 的身高是 1.75 m,体重是 50 kg
            amberren 的bmi指数是 16.3265306122449
    ▣   ⇥   您的体重稍轻
```

图 5.10 执行结果

任务 5.2　水果名中英文转换

📥 任务描述

定义一个函数,其函数内置了苹果 apple、梨 pear、橘子 orange、葡萄 grape 四种水果中英文对照内容,该函数可以根据用户输入的水果中文名获取水果英文名。

📥 任务分析

1)掌握返回值的使用;
2)掌握变量的作用域;
3)掌握匿名函数。

📥 知识讲解

5.2.1　return 返回值

在之前的案例中,我们所创建的函数都是单纯地完成一个命令,其中的变量没有接下来的赋值与保存,但在实际项目中往往需要将结果返回到其调用的程序中。这就需要引入返回值语句。

在 Python 中,可以在函数体内使用 return 语句,这样就可以返回指定值。return 语句的语法格式如下:

```
return [value]
```

其中 value 是用来保存返回的结果。如果返回的是一个值,那么该值可以是任意类型;如果返回结果是多个值,那么返回值就是一个元组。

【例 5.7】　编写加法函数。

```
def adds(a,b,c):
    x=a+b+c
    return x
adds(1,2,3)
```

其结果如图 5.11 所示。

5.2.2　变量作用域

变量的作用域是指程序可以访问该变量的区域范围,如果超出该区域,运行时会出现错误。在 Python 中,通常将变量分为全局变量和局部变量。

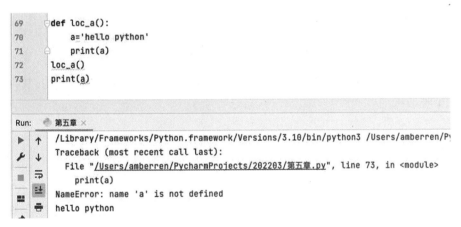

```
48  def adds(a,b,c):
49      x=a+b+c
50      return x
51  result=adds(1,2,3)
52  print(result)
```

Run: 第五章 ×

```
/Library/Frameworks/Python.framework/Versions/3.10/bin/python3
6
```

图 5.11　执行结果

1. 局部变量

局部变量是指在函数体内部定义并使用的变量,这种变量只能在函数体内进行使用。在函数运行之前或之后,该变量名就不存在。

【例5.8】　定义一个函数,在该函数内定义一个变量,并在函数体内外进行调用。

```
def loc_a():
    a='hello python'
    print(a)
loc_a()
print(a)
```

由于 a 属于局部变量,故可以在函数体内使用,但如果在函数体外进行调用的话,就会抛出异常,如图 5.12 所示。

```
69  def loc_a():
70      a='hello python'
71      print(a)
72  loc_a()
73  print(a)
```

Run: 第五章 ×

```
/Library/Frameworks/Python.framework/Versions/3.10/bin/python3 /Users/amberren/Py
Traceback (most recent call last):
  File "/Users/amberren/PycharmProjects/202203/第五章.py", line 73, in <module>
    print(a)
NameError: name 'a' is not defined
hello python
```

图 5.12　执行结果

2. 全局变量

全局变量是指能够作用于函数体内外的变量,在函数体内外均可以访问到。

【例5.9】　定义一个全局变量 hello python,并在函数体内外对全局变量进行输出。

```
a='hello python'
def pr_a():
    print('函数体内的全局变量',a)
pr_a()
print('函数体外的全局变量',a)
```

其结果如图 5.13 所示。

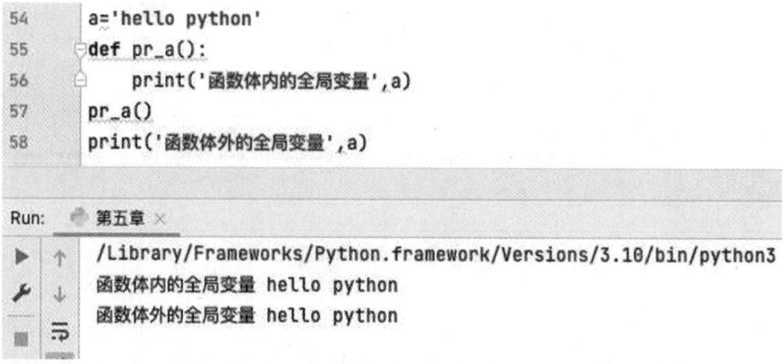

```
54    a='hello python'
55  def pr_a():
56        print('函数体内的全局变量',a)
57    pr_a()
58    print('函数体外的全局变量',a)

Run:    第五章  ×
  ▶  ↑  /Library/Frameworks/Python.framework/Versions/3.10/bin/python3
  ⚒  ↓  函数体内的全局变量 hello python
           函数体外的全局变量 hello python
  ■  ⇥
```

图 5.13　执行结果

如果想在函数体内定义一个变量,并且可以在函数体外进行调用,这个时候可以使用关键字 global 对其进行声明,这样就可以在函数体外访问该变量,同时也可以在函数体内对其进行修改。

【例 5.10】　定义一个局部变量,并让其可在函数体外调用。

```
a='hello python'
print(a)
def pr_b():
    global b
    b='hello world'
    print(b)
pr_b()
print(b)
```

其中变量 b 为局部变量,使用关键字 global 后就可以在函数体内进行调用,其执行结果如图 5.14 所示。

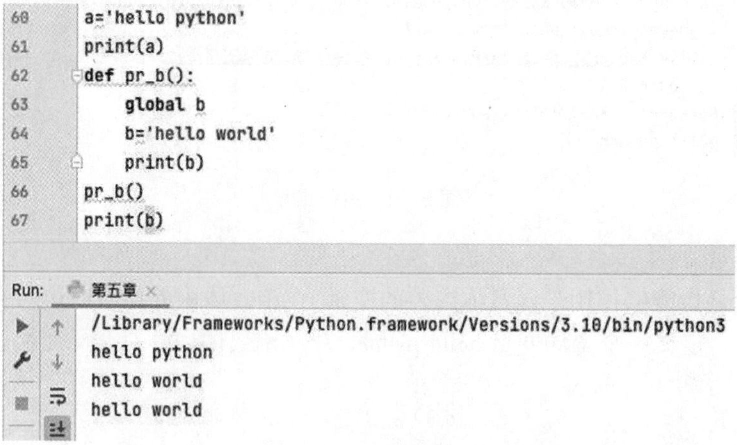

```
60    a='hello python'
61    print(a)
62  def pr_b():
63        global b
64        b='hello world'
65        print(b)
66    pr_b()
67    print(b)

Run:    第五章  ×
  ▶  ↑  /Library/Frameworks/Python.framework/Versions/3.10/bin/python3
  ⚒  ↓  hello python
           hello world
  ■  ⇥  hello world
     ⬇
```

图 5.14　执行结果

5.2.3　匿名函数

在 Python 中可以使用 lambda 表达式创建匿名函数,所谓的匿名函数就是函数没有名字,在实际项目中,需要定义一个功能简单但是偶尔才使用的函数来执行某些功能的时候,就可以使用 lambda 函数来进行定义,从而省去了定义函数以及给函数命名的麻烦,使得项目中的功能更加丰富且不会产生函数名重复的情况。

Python 中使用 lambda 表达式创建匿名函数的语法格式如下:

```
变量名=lambda[参数]:表达式
```

【例 5.11】　定义一个计算数字平方的函数,常规创建方法如下:

```
def squ(a):
    s=a**2
    return s
a=5
print('数字',a,'的平方是',squ(a))
```

其执行结果如图 5.15 所示。

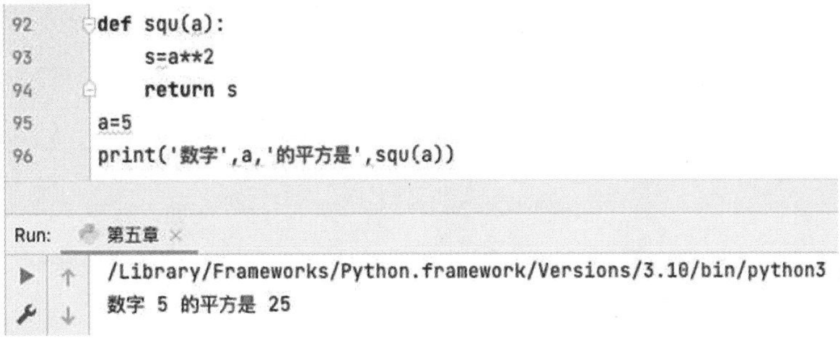

```
92    def squ(a):
93        s=a**2
94        return s
95    a=5
96    print('数字',a,'的平方是',squ(a))

Run:    第五章 ×
 ▶  ↑    /Library/Frameworks/Python.framework/Versions/3.10/bin/python3
 🔧  ↓    数字 5 的平方是 25
```

图 5.15　执行结果

使用 lambda 表达式改写上述编码如下:

```
a=5
s=lambda a:a**2
print('数字',a,'的平方是',s(a))
```

其执行结果如图 5.16 所示。

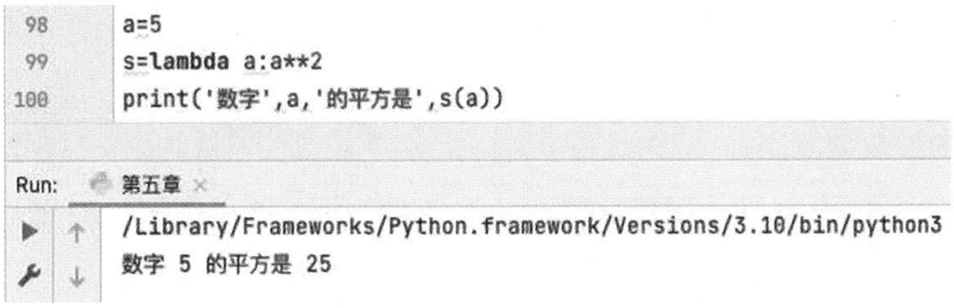

```
98     a=5
99     s=lambda a:a**2
100    print('数字',a,'的平方是',s(a))

Run:    第五章 ×
 ▶  ↑    /Library/Frameworks/Python.framework/Versions/3.10/bin/python3
 🔧  ↓    数字 5 的平方是 25
```

图 5.16　执行结果

5.2.4　任务实现

1. 任务编码

```python
def f_fruits(kinds):
    f_name=''
    if kinds=='apple':
        f_name='苹果'
    elif kinds=='pear':
        f_name='梨'
    elif kinds=='orange':
        f_name='橘子'
    elif kinds=='grape':
        f_name='葡萄'
    else:
        print('无法匹配,抱歉')
    return f_name
a=input('请输入水果英文名:')
b=f_fruits(kinds=a)
print('英文',a,'中文',b)
```

2. 执行结果

执行结果如图 5.17 所示。

```
75  def f_fruits(kinds):
76      f_name=''
77      if kinds=='apple':
78          f_name='苹果'
79      elif kinds=='pear':
80          f_name='梨'
81      elif kinds=='orange':
82          f_name='橘子'
83      elif kinds=='grape':
84          f_name='葡萄'
85      else:
86          print('无法匹配, 抱歉')
87      return f_name
88  a=input('请输入水果英文名: ')
89  b=f_fruits(kinds=a)
90  print('英文',a,'中文',b)
```

```
Run:  第五章 ×
  ▶  ↑   /Library/Frameworks/Python.framework/Versions/3.10/bin/python3
  🔧  ↓   请输入水果英文名: apple
      =   英文 apple 中文 苹果
```

图 5.17　执行结果

任务5.3　打印杨辉三角形

任务描述

在屏幕上打印杨辉三角形(杨辉三角形是二项式系数在三角形中的一种集合排列),输出样例如图5.18所示。

图 5.18　杨辉三角形

任务分析

1)了解什么是递归;
2)掌握递归函数的实例应用。

知识讲解

5.3.1　递归函数

如果在调用一个函数的时候,可以直接或间接调用函数自身,则称为函数的递归调用,在Python语言中是允许函数的递归调用的。

【例5.12】　定义一个函数,并调用其自身。

```
def cenA():
    print('调用A')
    cenA()
```

其运行结果如图5.19所示。

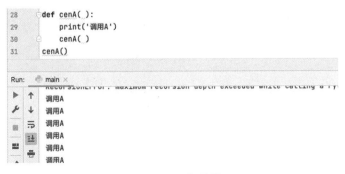

图 5.19　运行结果

在上述运行结果中,可以看出如果直接在 cenA( )函数中调用自身,会出现死循环,故递归函数在定义时需满足两个条件,一个是递归公式,另一个是边界条件。其中递归公式是求解问题所需的逻辑结构,边界条件即为递归终止的条件。

那么,递归函数可以分为两个阶段:一是递推,即每一次的执行都要基于上一次的运行结果;二是回溯,即达到边界值时,允许沿着递推把初始值返回。递归函数的基本格式如下:

```
def 函数名(参数):
    if 边界条件:
        return 返回结果
    else:
        return 递归公式
```

5.3.2　递归实例

为更好地理解递归函数的概念并掌握在实例中的应用,我们通过一个数学案例使学生对递归函数有一个更深的理解,并可以独立分析和解决相关问题。

1. 案例描述

有一只猴子在第一天早上摘了一些桃子,并在当天吃了其中的一半多一个,第二天又吃掉了剩下的一半多一个,以后每天如此,直到第八天早上,猴子发现只剩一个桃子了,问猴子第一天一共摘了多少桃子?

2. 案例分析

假设 A_i 为第 i 天吃完之后剩下的桃子数量,A_0 表示第一天一共摘下的桃子数量,那么可有以下递推公式:

$$A_0 = 2 \times (A_1 + 1)$$
$$A_1 = 2 \times (A_2 + 1)$$
$$\cdots$$
$$A_7 = 2 \times (A_8 + 1)$$

由此可知,相邻两天之间桃子数量间的关系为:

$$A_{(i)} = 2 \times (A_{i+1} + 1)$$

3. 确定逻辑结构

根据上述分析,可以确定函数递归公式如下:

```
defA(n):
    if n>=8:
        return 1
    else:
        return (2*(A(n+1)+1)
```

4. 案例实现(图 5.20)

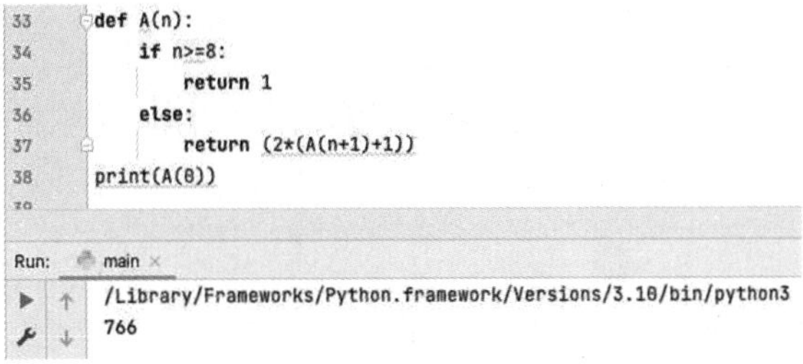

```
33  def A(n):
34      if n>=8:
35          return 1
36      else:
37          return (2*(A(n+1)+1))
38  print(A(0))
```

```
Run:    main ×
    /Library/Frameworks/Python.framework/Versions/3.10/bin/python3
    766
```

图 5.20 代码与运行结果

5.3.3 任务实现

1. 任务编码

```python
def center(x,y):
    if y==1 or y==x:
        return 1
    else:
        z=center(x-1,y-1)+center(x-1,y)
        return z
n=int(input('请输入杨辉三角形的行数:'))
for i in range(1,n+1):
    for j in range(0,n-i+1):
        print('    ',end=' ')
    for j in range(1,i+1):
        print('%6d  '%(center(i,j)),end='')
    print()
```

2. 执行结果

执行结果如图 5.21 所示。

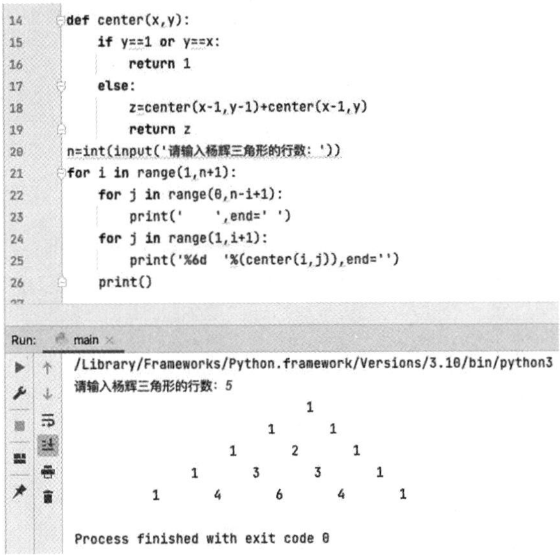

```
14  def center(x,y):
15      if y==1 or y==x:
16          return 1
17      else:
18          z=center(x-1,y-1)+center(x-1,y)
19          return z
20  n=int(input('请输入杨辉三角形的行数: '))
21  for i in range(1,n+1):
22      for j in range(0,n-i+1):
23          print('    ',end=' ')
24      for j in range(1,i+1):
25          print('%6d  '%(center(i,j)),end='')
26      print()
```

```
Run:    main ×
    /Library/Frameworks/Python.framework/Versions/3.10/bin/python3
    请输入杨辉三角形的行数: 5
                    1
                1       1
            1       2       1
        1       3       3       1
    1       4       6       4       1

    Process finished with exit code 0
```

图 5.21 执行结果

任务 5.4 实 训

1. 实训内容

汉诺塔问题是一个古典递归数学问题。在古代的时候有一个梵塔,塔内有 1,2,3 三个底座。在第一个底座上有 8 个盘子,盘子的大小均不同,但是均保持着大的盘子在小的盘子底下。现在如果想将第一个底座上的盘子全部移动到第三个底座上,但是一次只能移动一个盘子,其要求底座上的盘子必须大盘在小盘的下面。请将移动的过程使用编程的方式打印出来。

2. 实训要点

1)掌握函数的创建与调用;

2)掌握递归函数的使用。

3. 实训思路

1)先定义一个递归函数,要求将 N 个盘子从第一个底座上借助第二个底座移动到第三个底座上;

2)如果第一个底座上有一个盘子,就可以直接移动到第三个底座上;如果第一个底座上有 N 个盘子(N>1),现将 N-1 个盘子移动到第二个底座上,移动 N-1 个盘子的时候也是需要借助递归函数来进行移动,不能移动整体。

3)将第一个底座上剩下的一个盘子移动到第三个底座上,再将第二个盘子上的 N-1 个盘子移动到第三个底座上,同理也是需要调用递归函数,不能直接整体移动。

✚ 课后习题

一、选择题

1.下列作用域中,按照从大到小的顺序排列的是 （ ）

A.内置作用域>文件作用域>函数嵌套作用域>本地作用域

B.文件作用域>内置作用域>函数嵌套作用域>本地作用域

C.文件作用域>内置作用域>本地作用域>函数嵌套作用域

D.内置作用域>函数嵌套作用域>文件作用域>本地作用域

2.函数内部赋值创建的变量在_____作用域中。 （ ）

A.内置作用域 　　　B.本地作用域 　　　C.文件作用域 　　　D.函数嵌套作用域

3.请阅读下面一段程序:

```
a = 10
b = 30
def func(a, b):
    a = a + b
    return a
b = func(a, b)
print(a, b)
```

运行程序,程序最终执行的结果为　　　　　　　　　　　　　　（　　）

A. 10,30　　　　　　B. 40,30　　　　　　C. 40,40　　　　　　D. 10,40

4. 下列日期格式化符号中,用来表示年份的是　　　　　　　　（　　）

A. %Y　　　　　　　B. %m　　　　　　　C. %d　　　　　　　D. %H

5. Python 中使用(　)关键字定义一个匿名函数。

A. def　　　　　　　B. lambda　　　　　　C. fun　　　　　　　D. func

二、填空题

1. 文件作用域有时被称作_____作用域。

2. 定义在函数作用域内的变量都属于_____变量。

3. Python 定义函数以_____开头。

4. 如果函数作用域中要修改全局变量,可以使用_____关键字进行声明。

三、编程题

1. 编写函数,计算 1~100 的和。

2. 编写函数,求两个数的最大公约数和最小公倍数。

附件　章节评价表

班级		学号		学生姓名	
	内容		评价		
	目标	评价项目	优秀	良好	合格
学习能力	基本概念	函数创建与调用			
		函数的作用域			
		递归函数			
通用能力		基本操作能力			
		创新能力			
		自主学习能力			
		小组协作能力			
综合评价				综合得分	

模块六　面向对象编程

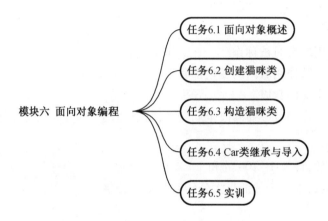

模块六　面向对象编程

- 任务6.1 面向对象概述
- 任务6.2 创建猫咪类
- 任务6.3 构造猫咪类
- 任务6.4 Car类继承与导入
- 任务6.5 实训

主要内容

面向对象编程是高级程序设计语言的核心概念。本书的前序章节中介绍了 Python 中的数据类型、程序流程控制语句、函数的使用等。但在实际应用中,面向对象编程是尤其重要的。本章首先介绍了面向对象语言的概念,再讲解类和对象的使用方法。

学习目标

1. 了解面向对象的概念;
2. 掌握类的定义与使用;
3. 掌握对象的使用;
4. 掌握类的继承;
5. 掌握类的封装与导入。

任务 6.1　面向对象概述

任务描述

了解面向对象编程的发展及相关概念,理解面向对象编程方法。

任务分析

1）了解面向对象的发展历史；

2）理解面向对象编程的逻辑；

3）理解面向对象编程的特点。

知识讲解

6.1.1　面向对象编程案例

在上述的模块中已经讲解了 Python 语言中基础知识部分，但是 Python 语言在设计之初便不仅是一门解释性语言，更是一门面向对象的高级编程语言。面向对象编程与面向过程编程是两种不同的思维方式，面向过程编程即为根据解决问题的步骤来使用对应的函数与方法将其实现，而面向对象编程是将问题中的不同对象提取出来，再分析不同的对象，对其各自的特征与行为进行封装，再来解决问题。下面通过一个常见的实例——"博弈五子棋"来更好地区分面向过程编程与面向对象编程解决问题的思路。

1. 面向过程编程思路

对于博弈五子棋的思路，面向过程编程可以分为以下步骤：

1）开始游戏；

2）绘制五子棋棋盘；

3）落黑子；

4）绘制黑子落下后的棋盘画面；

5）判断输赢，黑子赢，则结束游戏，否则游戏继续；

6）落白子；

7）绘制白子落下后的棋盘画面；

8）判断输赢，白子赢，则结束游戏，否则游戏继续；

针对上述的每一个步骤，都可以将其封装成一个函数，并依次调用函数，便可以实现一局完整的五子棋博弈游戏，上述步骤的 E-R 图如图 6.1 所示。

2. 面向对象编程思路

对于博弈五子棋的思路，面向对象编程是将五子棋对弈游戏分为三个不同的对象，分别为黑白执棋双方、棋盘以及判别规则。黑白执棋双方对象其行为是一样的，负责落棋子，棋盘对象负责绘制落子后的棋盘当前画面，判别规则对象则负责判断落子后当前棋盘的输赢。

由此可见，在面向对象的思路中，每个对象都有自身的特征与行为模式，程序通过控制不同的对象来实现不同的功能，不需要重复地去执行每一次的步骤，同时，如若在执行过程中需要增添或者删减一些功能，只需在对象中增添行为即可，便于后续的功能维护与扩展。

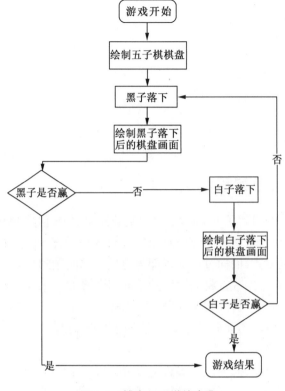

图 6.1　博弈五子棋的步骤

6.1.2　面向对象编程优点

　　根据上述案例可以看出,面向过程编程适用于较为简单的编程问题,但涉及多人共同完成的项目或者大型编程项目,更适合运用面向对象编程的方法,其优点如下:

　　1)易扩展与维护。面向对象编程的程序代码的重用率高,并可继承与覆盖,从而可以设计出低耦合的系统,有利于减小系统后期维护的工作量,更易于程序后续的扩展与维护;

　　2)可读性高。程序的代码是模块化与结构化的,更简单易读,并可以在模块内部对程序进行修改,减少外部的干扰。

6.1.3　面向对象编程技术简介

　　面向对象编程(object oriented programming,OOP)中,类和对象是两个最为重要的内容,在面向对象编程中,使用类来构造框架实景,再在类的基础上创建对象,其中基于类创建的每个对象都具有与类相同的属性与行为,也可按照实际需求对属性与行为进行改写,赋予每个对象其特有的属性,上述过程称为类的实例化。

　　1)类(class):类是具有相同的属性和方法对象的集合;

　　2)方法:类中定义的函数;

　　3)继承:继承就是一个类继承另一个类的方法,被继承的类称为父类,继承的类称为子类;

　　4)重写:重写是子类从父类中继承的方法不能满足其需求,就可以对其进行改写,这种

改写的过程称为方法重写,也称为覆盖;

5)局部变量:在类中定义的变量,只能用于当前实例的类;

6)实例化:创建一个类的实例,生成一个类的具体对象。

任务 6.2　创建猫咪类

⬛ 任务描述

创建一个猫咪 Cat 类,为其赋予颜色为白色,眼睛为圆的,猫咪的名字是 seven,并定义函数来输出"猫咪的颜色是白色,眼睛是圆的,名字是 seven",以及"猫咪在和人玩耍"。

⬛ 任务分析

1)掌握类的定义;

2)掌握对象相关操作;

3)掌握创建类的案例操作。

⬛ 知识讲解

6.2.1　定义类

类是面向对象程序设计中创建对象的基础,是封装对象的属性和行为的载体,具有相同属性和行为的实体亦被称为类,即将相关的数据和函数封装到一起,是一种代码的封装方法。

在 Python 中,类的定义与函数的定义有相似之处,类的定义使用 class 关键字来替代函数中 def 关键字,其语法格式如下:

```
class ClassName:
    类的内容
```

其中,ClassName 指的是创建类的名字,一般情况下都使用大写字母作为开头;类的内容包括属性列表和方法列表。

【例 6.1】　以人为例声明一个类。

```
class People:
    #人的属性、方法列表
    head = 1
    legs = 2
    def eat(self):
        print('人饿了可以吃饭')
    def sleep(self):
        print('人困了可以睡觉')
```

6.2.2　对象

根据例 6.1 中可以发现，属性列表为类中定义的变量，方法即为类中定义的函数。那么根据 People 这个类来创建对象呢？

```
p1 = People()
```

我们可以调用 People 类，并将其赋值给变量 p1，p1 即为 People 类的对象，也成为实例对象，它就拥有了这个类所定义的属性和方法。如图 6.2 所示，我们对其进行了测试。通过测试可以看出，类中的属性与方法都可以通过实例对象进行引用。

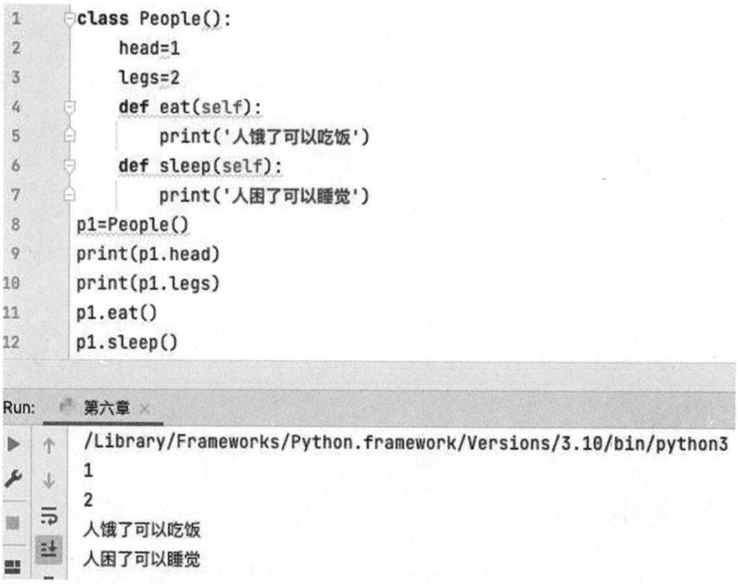

```
1   class People():
2       head=1
3       legs=2
4       def eat(self):
5           print('人饿了可以吃饭')
6       def sleep(self):
7           print('人困了可以睡觉')
8   p1=People()
9   print(p1.head)
10  print(p1.legs)
11  p1.eat()
12  p1.sleep()
```

```
Run:  第六章 ×
    /Library/Frameworks/Python.framework/Versions/3.10/bin/python3
    1
    2
    人饿了可以吃饭
    人困了可以睡觉
```

图 6.2　People 类与 p1 对象

> **注：**一个类可以拥有无数个对象。
> p2 = People( )
> p3 = People( )
> p4 = People( )
> ……

对于已经创建出来的对象，我们可以对其属性进行修改。

【**例 6.2**】　将例 6.1 中 p1 对象的 legs 赋值为 1，并增加变量 mouth = 1。

```
p1.legs = 1
p1.mouth = 1
```

其修改后的结果如图 6.3 所示。

图 6.3　修改后的 p1 对象

6.2.3　self 参数

在上述的代码中,类中的函数后都带有 self 参数,那么 self 参数有什么作用呢?

假设我们定义一个简单的类,类中只有一个输出函数,并且不带有 self,那么会发生什么? 如图 6.4 所示。

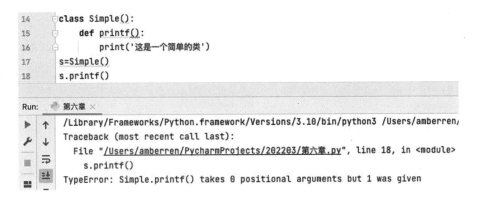

图 6.4　简单的类(错误示范)

根据报错的 TypeError 提示可知,我们创建类中的函数没有设置参数,但是系统中默认的却提供了一个参数。也就是说,self 参数适用于传递信息,类中的每一个方法默认的第一个参数均为 self。那么 self 具体内容是什么? 可以通过图 6.5 中的方法进行查看。

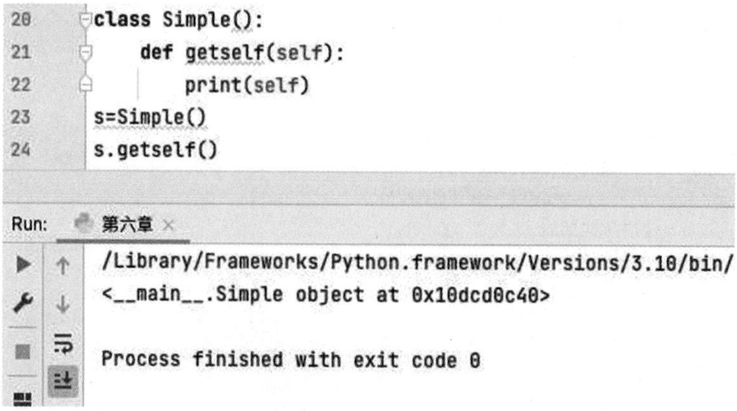

```
20    class Simple():
21        def getself(self):
22            print(self)
23    s=Simple()
24    s.getself()
```

Run: 第六章 ×

```
/Library/Frameworks/Python.framework/Versions/3.10/bin/
<__main__.Simple object at 0x10dcd0c40>

Process finished with exit code 0
```

图 6.5　self 具体表达

6.2.4　任务实现

1.任务编码

```python
class Cat():
    name='seven'
    eyes='圆的'
    color='白色'
    def sim(self):
        print('猫咪的颜色是%s,眼睛是%s,名字是%s'%(self.color,self.eyes,self.name))
    def play(self):
        print('猫咪在和人玩耍')
c=Cat()
c.sim()
c.play()
```

2.执行结果

执行结果如图 6.6 所示。

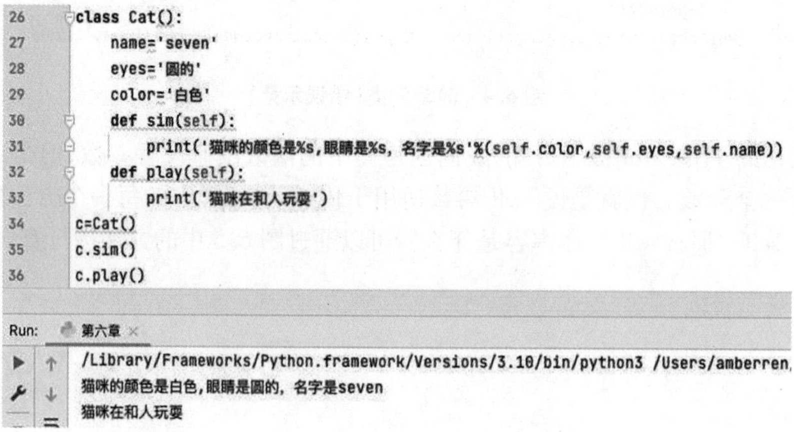

```
26    class Cat():
27        name='seven'
28        eyes='圆的'
29        color='白色'
30        def sim(self):
31            print('猫咪的颜色是%s,眼睛是%s, 名字是%s'%(self.color,self.eyes,self.name))
32        def play(self):
33            print('猫咪在和人玩耍')
34    c=Cat()
35    c.sim()
36    c.play()
```

Run: 第六章 ×

```
/Library/Frameworks/Python.framework/Versions/3.10/bin/python3 /Users/amberren
猫咪的颜色是白色,眼睛是圆的, 名字是seven
猫咪在和人玩耍
```

图 6.6　执行结果

任务6.3 构造猫咪类

任务描述

使用构造方法创建猫咪 Cat 类,为其赋予颜色为白色,眼睛为圆的,猫咪的名字是 seven,并定义函数来输出"seven 的颜色是白色,眼睛是圆的",以及"猫咪在和人玩耍",将猫咪的名字改为 eleven。

任务分析

1)掌握构造__init( )__方法;
2)掌握修改属性值;
3)掌握创建类的实例。

知识讲解

6.3.1 构造方法

在类中,有一种特殊的创建类的方法,叫作构造方法(__init( )__),在这个方法中,init( )前后均有两个下划线,是为了区分开构造方法与其他函数名重复,防止发生命名冲突。

在__init( )__方法定义时会形式参数,其中的 self 是不可少的,并且必须在其他形式参数之前。

【例6.3】 使用__init( )__方法构造一个 Dog( )类,并赋予 Dog 类 sit 和 sleep 的行为。

```
class Dog():
    def __init__(self,name,age):
        self.name=name
        self.age=age
    def sit(self):
        print(self.name,'在乖乖的坐着')
    def sleep(self):
        print(self.name,'玩累了,在睡觉呢')
```

在使用__init( )__方法构造后,在 sit 和 sleep 两个行为内都会有前缀 self,以 self 为前缀的变量可以供类中的所有方法使用,并通过类的实例来访问。

6.3.2 创建类的实例

在例6.3基础上进行修改,给 Dog 类创建一个实例 dog_1,其名字为 Wangcai,年龄为2岁,并对其进行输出。

```
dog_1 = Dog('Wangcai',2)
print('我的小狗名字是',dog_1.name)
print('我的小狗年龄为',dog_1.age,'岁')
```

在创建实例属性后,对实例属性可以进行访问、调用和修改等操作。

1)访问属性

在实例中访问属性可以使用如下格式:

```
对象名.属性名
```

【例 6.4】 在例 6.3 中,访问 dog_1 中 name 和 age 的属性。

```
dog_1 = Dog('Wangcai',2)
print(dog_1.name)
print(dog_1.age)
```

其输出结果如图 6.7 所示。

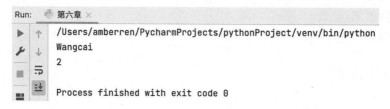

图 6.7　输出结果

2)调用行为

在创建类的实例后,可在类的外部调用类中定义的行为,调用时可以指定实例的名称和行为,其语法格式如下:

```
对象名.行为名
```

【例 6.5】 在例 6.3 中,调用 sit( ) 和 sleep( ) 两个行为,并对其输出。

```
dog_1 = Dog('Wangcai',2)
dog_1.sit()
dog_1.sleep()
```

其输出结果如图 6.8 所示。

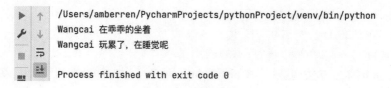

图 6.8　输出结果

3)创建多个实例

在创建类后,可以对其创建多个实例,不同的实例均可以具有类的属性与行为。

【例 6.6】 再创建 dog_2 和 dog_3 两个实例,并对其调用。

```
dog_1 = Dog('Wangcai',2)
dog_2 = Dog('Facai',1)
```

```
dog_3 = Dog('Wangfu',5)
dog_2.sit()
dog_2.sleep()
dog_3.sit()
dog_3.sleep()
```

其输出结果如图 6.9 所示。

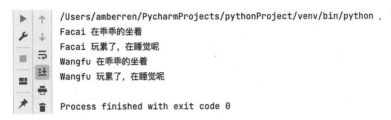

图 6.9　输出结果

4)修改属性值

若想要修改属性值,可以直接通过实例来进行访问。

【例 6.7】　在例 6.3 的基础上,对已创建好的 dog_1 实例,将其年龄修改为 7 岁。

```
dog_1 = Dog('Wangcai',2)
dog_1.age = 7
print(dog_1.age)
```

其输出结果如图 6.10 所示。

图 6.10　输出结果

6.3.3　任务实现

1.任务编码

```
class Cat():
    def __init__(self,name,color,eyes):
        self.name = name
        self.color = color
        self.eyes = eyes
    def play(self):
        print(self.name,'在和人玩耍')
cat_1 = Cat('seven','white','round')
cat_1.name = 'eleven'
print(cat_1.name)
```

2. 执行结果

执行结果如图 6.11 所示。

```python
class Cat():
    def __init__(self,name,color,eyes):
        self.name=name
        self.color=color
        self.eyes=eyes
    def play(self):
        print(self.name,'在和人玩耍')
cat_1=Cat('seven','白色的','圆的')
print(cat_1.name,'的颜色是',cat_1.color,', 眼睛是',cat_1.eyes)
cat_1.name='eleven'
print(cat_1.name)
```

```
第六章 ×
/Users/amberren/PycharmProjects/pythonProject/venv/bin/python
seven 的颜色是 白色的 , 眼睛是 圆的
eleven

Process finished with exit code 0
```

图 6.11　执行结果

任务 6.4　Car 类继承与导入

任务描述

创建一个 Car 类,自定义其属性与方法,并创建一个 Elecar 类,继承 Car 类的全部属性与方法,并创建其特有的属性,并将其命名为 car.py,在 no1.py 文件中调用。

任务分析

1)了解什么是父类、子类;

2)掌握类的继承;

3)掌握类的导入。

知识讲解

6.4.1 类的继承

继承即子类继承父类,在原有类的基础上,创建新的类(子类),并调用原有类(父类)。子类继承父类,会自动获得父类的所有属性和方法,同时也可以定义自己的属性与方法。继承有特定的格式,其语法格式如下:

```python
class Parents:#父类
    def par1(self):
        print('父类')


class Child(Parents):
    def chi(self):
        print('子类')
a=Child()
a.par1()#子类调用父类的方法
a.chi()#子类调用自身的方法
```

其输出结果如图6.12所示。

图 6.12 输出结果

> **课堂思政:**
> 上下五千年,中国一路风尘仆仆走来,脚下踏的是深厚的文化底蕴。站在历史的海岸漫溯那一道道历史沟渠,中华民族逾越了五千年的征程,同时也铸造了五千年的传统文化。这文化跨越古今,牢牢刻在下一辈的骨子里。作为新时代的青年,须传承中华民族的传统文化。

【**例 6.8**】 创建一个动物 Animal 父类,其属性有 name、age、color,再创建其子类 Cat 类,让其继承父类中的所有属性,并创建起特有方法 eat。

```python
class Animal():
    def __init__(self,name,age,color):
        self.name=name
        self.age=age
        self.color=color
    def pr(self):
        print(self.name,self.age,self.color)
class Cat(Animal):
    def eat(self):
        print(self.name,'正在吃猫粮,吃的非常开心')
```

在上述创建的父类和子类中,子类的 Cat 继承了父类 Animal 中的 name、age 和 color 的属性,同时也可调用 pr 方法。

【例 6.9】 在例 6.8 的基础上,创建一个猫咪的实例,让其调用父类中的 pr 方法与子类自身的 eat 方法。

```
cat_1=Cat('seven',2,'蓝色的')
cat_1.pr()
cat_1.eat()
```

其输出结果如图 6.13 所示。

```
class Animal():
    def __init__(self,name,age,color):
        self.name=name
        self.age=age
        self.color=color
    def pr(self):
        print('动物的名字是',self.name,', 它已经',self.age,'岁了, ','它的颜色是',self.color)
class Cat(Animal):
    def eat(self):
        print(self.name,'正在吃猫粮, 吃的非常开心')
cat_1=Cat('seven',2,'蓝色的')
cat_1.pr()
cat_1.eat()
```

```
第六章 ×
/Users/amberren/PycharmProjects/pythonProject/venv/bin/python /Users/amberren/PycharmP
动物的名字是 seven , 它已经 2 岁了,  它的颜色是 蓝色的
seven 正在吃猫粮, 吃的非常开心

Process finished with exit code 0
```

图 6.13　输出结果

一个父类可以被多个子类继承,所有的子类都可继承父类中所有的属性与方法。

【例 6.10】 在例 6.8 的基础上,创建 Dog 子类,并对其父类与子类的方法进行调用。

```
class Animal():
    def __init__(self,name,age,color):
        self.name=name
        self.age=age
        self.color=color
    def pr(self):
        print('动物的名字是',self.name,',它已经',self.age,'岁了,','它的颜色是',self.color)
    class Cat(Animal):
        def eat(self):
            print(self.name,'正在吃猫粮,吃的非常开心')
    class Dog(Animal):
        def sleep(self):
            print(self.name,'正在睡觉呢')
    cat_1=Cat('seven',2,'蓝色的')
```

```
cat_1.pr()
cat_1.eat()
dog_1 = Dog('eleven',3,'白色的')
dog_1.pr()
dog_1.sleep()
```

其输出结果如图 6.14 所示。

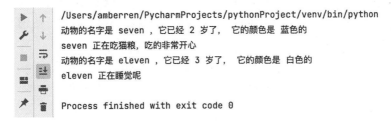

```
/Users/amberren/PycharmProjects/pythonProject/venv/bin/python
动物的名字是 seven ，它已经 2 岁了， 它的颜色是 蓝色的
seven 正在吃猫粮，吃的非常开心
动物的名字是 eleven ，它已经 3 岁了， 它的颜色是 白色的
eleven 正在睡觉呢

Process finished with exit code 0
```

图 6.14　输出结果

6.4.2　导入类

1. 导入单个类

在 Python 中,可以导入自行创建的类,将其存储于模块中。在创建一个类之后,将其文件命名为 xx.py 文件,并在其他程序中可以进行导入,并使用这个类。

【例 6.11】　创建一个 Animal 类,并将其文件名命名为 animal.py,其代码如图 6.15 所示。

```
class Animal():
    def __init__(self,name,age,color):
        self.name=name
        self.age=age
        self.color=color
    def pr(self):
        print('动物的名字是',self.name,',它已经',self.age,'岁了,','它的颜色是',self.
color)
    def eat(self):
        print(self.name,'正在吃饭')
    def sleep(self):
        print(self.name,'正在睡觉')
```

```
▼ ▄ pythonProject ~    1    class Animal():
  > ▄ venv            2        def __init__(self,name,age,color):
    ▄ animal.py       3            self.name=name
    ▄ 第六章.py         4            self.age=age
  > ▄ External Libraries 5          self.color=color
    ▄ Scratches and C  6        def pr(self):
                       7            print('动物的名字是',self.name,', 它已经',self.age,'岁了, ','它的颜色是',self.color)
                       8        def eat(self):
                       9            print(self.name,'正在吃饭')
                       10       def sleep(self):
                       11           print(self.name,'正在睡觉')
```

图 6.15　模块代码

创建另一个 no6. py 文件,在其基础上导入 Animal 类,并创建实例。

```
from animal import Animal
animal_1 = Animal('seven',2,'白色')
animal_1.pr()
animal_1.eat()
animal_1.sleep()
```

"from animal import Animal"中 animal 是文件名,Animal 是类名,可以理解为从文件 animal 中导入 Animal 类,导入类后,即可以和 Python 中内置模块一样进行使用。其输出结果如图 6.16 所示。

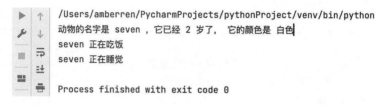

图 6.16 输出结果

2. 导入多个类

在一个. py 文件中,也可以存储着多个类,这些类之间可以有某种关联性,假设在 animal. py 文件中增加 Animal 类的子类 Cat 和 Dog 类,其代码如下:

```
class Animal():
    def __init__(self,name,age,color):
        self.name = name
        self.age = age
        self.color = color
    def pr(self):
        print('动物的名字是',self.name,',它已经',self.age,'岁了,','它的颜色是',self.color)
    def eat(self):
        print(self.name,'正在吃饭')
    def sleep(self):
        print(self.name,'正在睡觉')
class Cat(Animal):
    def play(self):
        print(self.name,'正在玩耍')
class Dog(Animal):
    def drink(self):
        print(self.name,'正在喝水')
```

在创建的 no6. py 文件中,可以对子类 Cat、Dog 进行调用,其代码如下:

```
from animal import Cat,Dog
cat_1 = Cat('seven',2,'白色的')
dog_1 = Dog('eleven',4,'灰色的')
```

```
cat_1.pr()
cat_1.play()
dog_1.pr()
dog_1.drink()
```

对于导入多个类,类之间可以使用逗号隔开,其输出结果如图 6.17 所示。

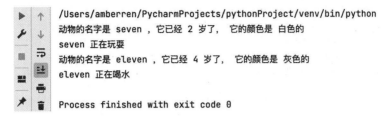

图 6.17 输出结果

如果想要导入一个模块中所有的类,可以使用以下格式:

```
from 文件名 import *
```

6.4.3 任务实现

1. 任务编码

1)主模块编码

```
class Car():
    def __init__(self,name,color,mile):
        self.name=name
        self.color=color
        self.mile=mile
    def pr(self):
        print(self.name,self.color,self.mile)
    def run(self):
        print(self.name,'正在路上跑呢')
class Elecar(Car):
    def readmile(self):
        print(self.name,'的公里数为',self.mile)
```

2)no1 文件编码

```
from car import Car,Elecar
car_1=Elecar('audi','黑色',40000)
car_1.pr()
car_1.run()
car_1.readmile()
```

2. 执行结果

执行结果如图 6.18 所示。

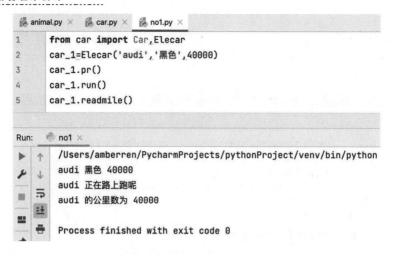

图6.18　执行结果

任务6.5　实　　训

1. 实训内容

设计一个课程系统,其中包含一个课程 Course 类,类中包括课程的代码、课程名字、课程的授课老师、课程的授课班级以及课程的上课地点等信息。编写代码,完成课程类的设计,并显示其中的课程信息,可以修改课程信息、添加课程以及删除课程信息等。

2. 实训要点

1)掌握类的创建;

2)掌握类的调用。

3. 实训思路

1)创建一个 Course 类;

2)编写类中的基本信息;

3)定义修改、添加、删除等信息的函数;

4)编写输出函数对课程信息进行输出。

◆ 课后习题

一、选择题

1. 下列方法中,用来释放类所占用的资源的是　　　　　　　　　　　　　　　（　　）

A. __init__()　　　　　B. __del__()　　　　C. __str__()　　　　　　D. __add__()

2. 请阅读下面一段示例程序:

```
classnumber(object):
    def __init__(self,num):
        _____.num = num
```

下列选项中,可以填写到上述横线处的是 （　　）

A. this　　　　　B. self　　　　　C. person　　　　　D. Person

3. 下列选项中,用于声明类的关键字是 （　　）

A. class　　　　　B. import　　　　　C. def　　　　　D. Imp

4. 面向对象程序设计着重于_____的设计

A. 对象　　　　　B. 算法　　　　　C. 类　　　　　D. 数据

5. 下列选项中,不属于面向对象特性的是 （　　）

A. 抽象　　　　　B. 继承　　　　　C. 封装　　　　　D. 多态

二、填空题

1. 如果想要子类调用父类中被重写的方法,需要使用_____方法。

2. 已知类 B 继承自 A,书写格式应该为_____。

3. 方法必须显示地声明一个_____参数,而且位于参数列表的开头。

4. 当两个实例对象执行加法运算时,自动调用_____方法。

5. 当创建类的实例时,系统会自动调用_____方法。

三、简答题

1. 什么是类属性和实例属性?

2. 面向过程和面向对象有什么区别?

附件　章节评价表

班级		学号		学生姓名	
	内容		评价		
	目标	评价项目	优秀	良好	合格
学习能力	基本概念	面向对象概述			
		定义类			
		构造类			
		类的继承与导入			
通用能力	基本操作能力				
	创新能力				
	自主学习能力				
	小组协作能力				
综合评价			综合得分		

模块七　文件基础

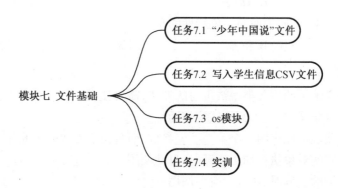

模块七 文件基础
- 任务7.1 "少年中国说"文件
- 任务7.2 写入学生信息CSV文件
- 任务7.3 os模块
- 任务7.4 实训

主要内容

　　上述模块中所涉及的变量、列表、对象等中存储的数据都是暂时的,在程序运行结束后,其数据就会丢失。本模块将介绍如何处理和保存文件,可以很方便地将数据长时间地保存。主要涉及文件的打开、关闭、读取以及查询、删除等操作。

学习目标

1. 认识文件的概念;
2. 掌握 Python 中文件的基本操作;
3. 掌握文件路径;
4. 掌握 os 模块及基本操作。

任务 7.1　"少年中国说"文件

任务描述

创建文件"少年中国说"节选片段
1) 添加文本"少年中国说"片段;
2) 输出全部内容。

任务分析

1) 了解文件的概念与类型;

2)掌握打开、关闭文件;

3)掌握写入与读取文件。

知识讲解

7.1.1　认识文件

1. 文件概念

计算机文件属于文件的一种,与普通文件载体不同,计算机文件是以计算机硬盘为载体存储在计算机上的信息集合。

文件可以是文本文档、图片、程序、快捷方式等。不同的文件通常具有不同的文件名称与扩展名,其中扩展名是由一个圆点"."以及 1 到 3 个字符组成。常见的文件扩展名如表 7.1 所示。

表 7.1　常见文件扩展名

文件类型	扩展名
文档文件	. doc . txt . pdf . csv
图形文件	. jpg . png . bmp . gif
声音文件	. mp3 . wav . wma
动画文件	. avi . mov
压缩文件	. zip . rar
系统文件	. sys . dll

2. 文件分类

按性质和用途分类:系统文件、用户文件、库文件;

按文件的逻辑结构分类:流式文件、记录式文件;

按信息的保存期限分类:临时文件、永久性文件、档案文件;

按文件的物理结构分类:顺序文件、链接文件、索引文件、HASH 文件、索引顺序文件;

在管理信息系统中,文件的分类。①按文件的用途分类:主文件、处理文件、工作文件、周转文件(存放)、其他文件。②按文件的组织方式分类:顺序文件、索引文件、直接存取文件。

3. 文件命名规范

1)文件名最长可以使用 255 个字符;

2)文件名中可以使用空格,但不可使用<>\/!? 等。

7.1.2　打开文件

在 Python 中有多种指定的打开模式,其参数如表 7.2 所示。

表 7.2 打开参数说明

参数	说明
r	以只读的方式打开文件
r+	打开文件,并可从头对文件原内容进行覆盖
w	以只写的方式打开文件
w+	打开文件后,会清空原有内容,并重新对其进行读写
a	附加模式,新内容会追加在原有内容后

1)open 方式打开文件

在 Python 中,可以使用内置函数 open( )实现,其语法格式如下:

```
f=open(file_name,参数)
```

【**例 7.1**】 以只读方式打开"hello_python. txt"文件。

```
f=open('hello_python.txt','r')
print(f)
```

其执行结果如图 7.1 所示。

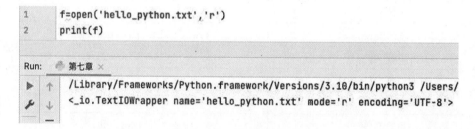

图 7.1 执行结果

> **注:**打开文件的前提是需要有这个文件,如果文件不存在,打开文件就会报错。如图 7.2 所示。

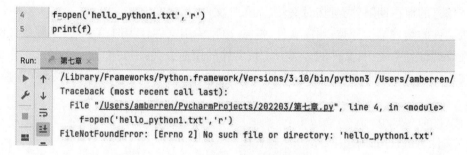

图 7.2 执行结果

2)with 语句打开文件

打开文件如果抛出异常,那么文件就不能及时关闭,为避免这种问题发生,可以使用 with 语句进行打开,从而实现在处理文件时,不管发生什么异常,都可以关闭已经打开的文件,其语法格式如下:

```
with open('file_name',参数) as 变量名:
    语句块
```

【例7.2】 使用 with 语句以只读的方式打开文件"hello_python. txt"。

```
with open('hello_python.txt','r') as f:
    print(f.read)
```

其执行结果如图7.3所示：

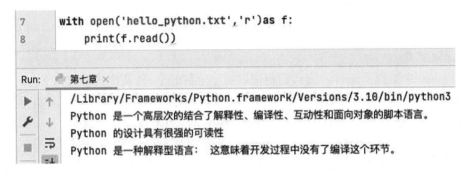

图7.3 执行结果

7.1.3 关闭文件

打开文件后,需要及时关闭,如果忘记关机会带来不可避免的意外。关闭文件可以使用 close()方法实现,其语法格式如下:

```
file_name.close()
```

【例7.3】 关闭例7.1中打开的"hello_python. txt"文件

```
f=open('hello_python.txt','r')
f.close()
```

7.1.4 创建并写入文件

在上述的内容中我们打开文件的前提是文件存在,那么如果文件不存在,如何创建一个文件,并写入相应的内容呢?

【例7.4】 创建文件名为"seven1. txt"文件,并写入内容"hello_python"。

```
file_name='seven1.txt'
with open(file_name,'w') as f:
    f.write('hello python')
```

在没有文件的情况下,我们可以使用 with 语句创建文件,并以"w"写入模式打开,再使用 write()语句写入想写的内容即可。

执行完上述代码后,可以发现在 PyCharm 的左侧目录中就会出现新建好的"seven1. txt"文件,并写入了"hello_python"语句,其执行后的结果如图7.4所示。

7.1.5 读取文件

在上述执行结果中可以看出,输出 print()函数并不能显示文件中的内容,那么怎样显示文件中的内容呢?

图 7.4　执行结果

1）读取字符

在 Python 中提供了 read( )方式进行读取指定个数的字符，其语法格式如下：

```
file_name.read()
```

【例 7.5】　读取文件"hello_python"中前 12 个字符的内容。

```
with open('hello_python.txt','r') as f:
    message=f.read(12)
    print(message)
```

其执行结果如图 7.5 所示。

```
16    with open('hello_python.txt','r') as f:
17        message=f.read(12)
18        print(message)
```

```
Run:    第七章 ×
   ▶  ↑   /Library/Frameworks/Python.framework/Versions/3.10/bin/python3
   ⚘  ↓   Python 是一个高层
```

图 7.5　执行结果

2）读取一行

Python 中提供了 readline( )方法可以每次读取一行数据，并将其存储在字符串中，其语法格式如下：

```
file_name.readline()
```

【例 7.6】　使用 readline( )方法读取文件"hello_python. txt"中第一行数据，并确定输出数据的类型。

```
with open('hello_python.txt','r') as f:
    message=f.readline()
print(message)
print(type(message))
```

其执行结果如图 7.6 所示。

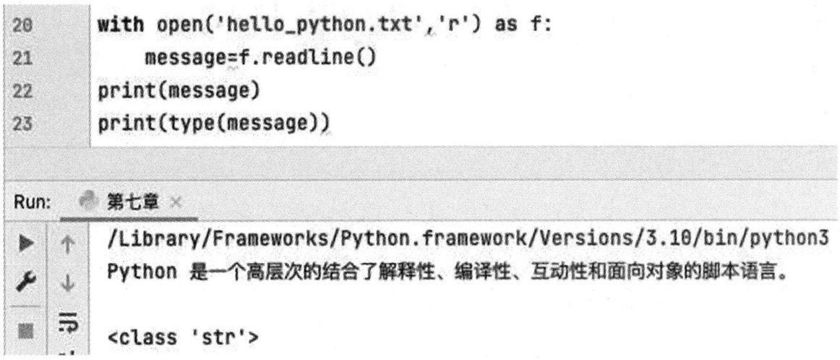

```
20    with open('hello_python.txt','r') as f:
21        message=f.readline()
22    print(message)
23    print(type(message))
```

```
Run:    第七章 ×

    /Library/Frameworks/Python.framework/Versions/3.10/bin/python3
    Python 是一个高层次的结合了解释性、编译性、互动性和面向对象的脚本语言。

    <class 'str'>
```

图7.6 执行结果

3)读取所有行

在 Python 中可以使用 readlines()方法读取文件中的所有行,并将其存储在一个列表中,其语法格式如下:

```
file_name.readlines()
```

【例7.7】 使用 readlines()方法读取文件"hello_python. txt"中的数据,并确定输出数据的类型。

```
with open('hello_python.txt','r') as f:
    message=f.readlines()
print(message)
print(type(message))
```

其执行结果如图7.7所示。

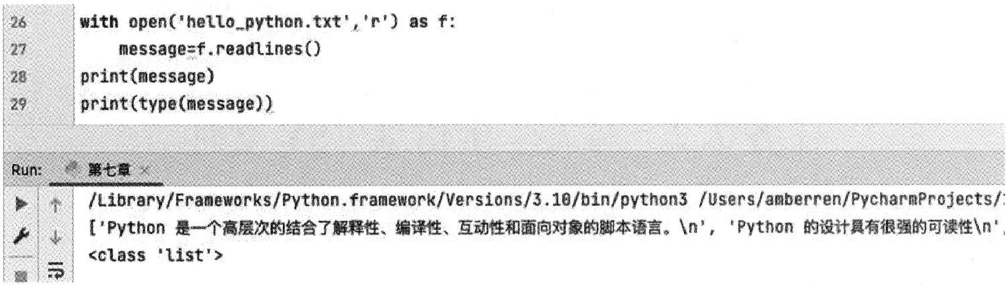

```
26    with open('hello_python.txt','r') as f:
27        message=f.readlines()
28    print(message)
29    print(type(message))
```

```
Run:    第七章 ×

    /Library/Frameworks/Python.framework/Versions/3.10/bin/python3 /Users/amberren/PycharmProjects/
    ['Python 是一个高层次的结合了解释性、编译性、互动性和面向对象的脚本语言。\n', 'Python 的设计具有很强的可读性\n',
    <class 'list'>
```

图7.7 执行结果

7.1.6 任务实现

1.任务编码

```
file_name='少年中国说.txt'
with open(file_name,'w') as f:
    f.write('少年中国说 故今日之责任,不在他人,而全在我少年 \n'
    '少年智则国智,少年 富则国富,少年强则国强,少年独立则国独立,少年自由则国自由, 少年进
步则国进步 \n'
    '少年胜于欧洲,则国胜于欧洲,少年雄于地球, 则国雄于地球。')
with open(file_name,'r') as f:
```

```
    message = f.readlines()
print(message)
```

2.执行结果

执行结果如图 7.8 所示。

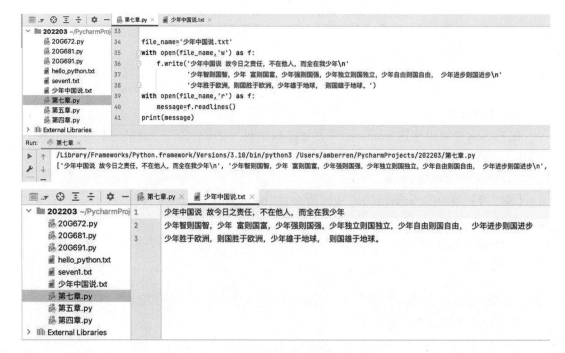

图 7.8　执行结果

任务 7.2　写入学生信息 CSV 文件

📥 任务描述

一个班级的学生有学号、姓名、年龄,将下表的数据写入 CSV 文件中。

Number	Name	Age
202201	Zhang San	18
202202	Li Si	19
202203	Zhao Yi	18
202204	Qian Er	20
202205	Zhou Liu	19

🔻 任务分析

1）掌握 CSV 文件的读取；
2）掌握 CSV 文件的写入。

🔻 知识讲解

CSV 文件（Comma-Separated Values）是一种较为简单的文件格式，常用于在程序之间的表格数据传输。CSV 文件是由数条记录组成，记录之间以某种分隔符分开，最常见的记录是字符串或者数字，分隔符主要采用空格、逗号或者制表位。

7.2.1 CSV 读取

Python 中有 CSV 的内置模块，在对.csv 文件进行操作时，需要先对 CSV 模块进行导入，导入 CSV 模块后才可以对 CSV 文件进行读取等操作。

1. reader 读取

csv.reader 函数可以接收 CSV 文件中的内容，并可对其进行输出。

【例 7.8】 使用 csv.reader 函数读取"space.csv"文件中的内容。

```python
import csv
file_name='space.csv'
with open(file_name,'r') as f:
    message=csv.reader(f)
    for i in message:
        print(i)
```

需要注意的一点是，如果只使用 csv.reader()函数是不能输出其内容的，必须将其返回一个生成器，才可以对其内容进行读取，其执行结果如图 7.9 所示。

```
43    import csv
44    file_name='space.csv'
45    with open(file_name,'r') as f:
46        message=csv.reader(f)
47        for i in message:
48            print(i)
```

```
Run:  第七章
/Library/Frameworks/Python.framework/Versions/3.10/bin/python3
['', '1', '2', '3', '4', '5', '6']
['a', '11', '12', '13', '14', '15', '16']
['b', '21', '22', '23', '24', '25', '26']
['c', '31', '32', '33', '34', '35', '36']
['d', '41', '42', '43', '44', '45', '46']
['e', '51', '52', '53', '54', '55', '56']
['f', '61', '62', '63', '64', '65', '66']
```

图 7.9 执行结果

2. DictReader 读取

csv.DictReader 函数可以接收 CSV 文件中的内容并返回一个生成器,直接将标题和每一列数据组装成有序字典格式,无须再单独读取标题行。

【例 7.9】 使用 csv.DictReader 函数读取"space.csv"文件中的内容。

```
import csv
file_name='space.csv'
with open(file_name,'r') as f:
    message=csv.DictReader(f)
    for i in message:
        print(i)
```

其执行结果如图 7.10 所示。

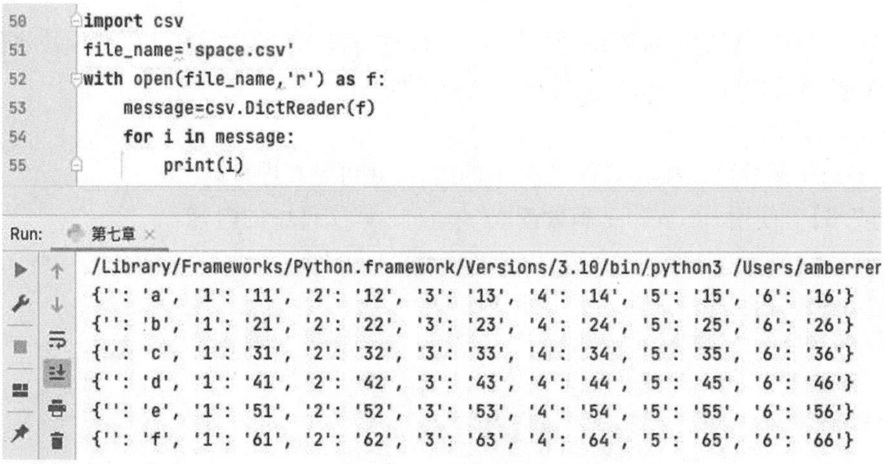

```
50   import csv
51   file_name='space.csv'
52   with open(file_name,'r') as f:
53       message=csv.DictReader(f)
54       for i in message:
55           print(i)
```

```
Run:  第七章 ×
/Library/Frameworks/Python.framework/Versions/3.10/bin/python3 /Users/amberrer
{'': 'a', '1': '11', '2': '12', '3': '13', '4': '14', '5': '15', '6': '16'}
{'': 'b', '1': '21', '2': '22', '3': '23', '4': '24', '5': '25', '6': '26'}
{'': 'c', '1': '31', '2': '32', '3': '33', '4': '34', '5': '35', '6': '36'}
{'': 'd', '1': '41', '2': '42', '3': '43', '4': '44', '5': '45', '6': '46'}
{'': 'e', '1': '51', '2': '52', '3': '53', '4': '54', '5': '55', '6': '56'}
{'': 'f', '1': '61', '2': '62', '3': '63', '4': '64', '5': '65', '6': '66'}
```

图 7.10　执行结果

7.2.2　CSV 写入

在 Python 中,CSV 文件的写入可以使用 write() 的方式进行写入,其中 writerow 是以列表的方式进行单行写入,writerows 是可以进行多行批量写入。

1. 列表方式写入

【例 7.10】 使用 writerow 将[1,2,3,4,5]写入 CSV 文件中。

```
import csv
list1=[1,2,3,4,5]
with open('seven2.csv','w') as f:
    write_csv=csv.writer(f)
    write_csv.writerow(list1)
```

这种写入方式首先创建了名为"seven2.csv"的文件,并将数据写入,从图 7.12 中可以看出,数据中的逗号分隔符在 CSV 写入的时候会自动变为分隔符。其执行结果与生成的 CSV 文件内容如图 7.11 和图 7.12 所示。

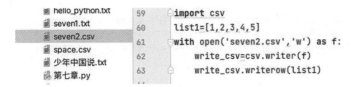

图 7.11　执行结果

图 7.12　生成的"seven. csv"文件

2. 字典方式写入

【例 7.11】　将数字和英文对照的 1~5 写入 CSV 文件中。

```python
import csv
header = ['数字','英文']
data = [{'数字':'1','英文':'one'},
        {'数字':'2','英文':'two'},
        {'数字':'3','英文':'three'}]
with open ('seven3.csv','w',newline='') as f:
    writer_csv =csv.DictWriter(f,header)
    writer_csv.writeheader()
    writer_csv.writerows(data)
```

其实执行结果与生成的 CSV 文件如图 7.13 和图 7.14 所示。

图 7.13　执行结果

图 7.14   生成的"seven3.csv"文件

7.2.3   任务实现

1. 任务编码

```
import csv
header=['Number','Name','Age']
Name_age=[[202201,'Zhang San',18],[202202,'Li Si',19],[202203,'Zhao Yi',18],
[202204,'Qian Er',20],[202205,'Zhou Liu',19]]
with open('student_no.csv','w') as f:
    writer_csv=csv.writer(f)
    writer_csv.writerow(header)
    writer_csv.writerows(Name_age)
```

2. 执行结果

执行结果如图 7.15 和图 7.16 所示。

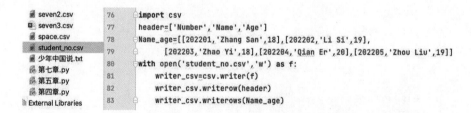

图 7.15   执行结果

图 7.16   生成的"student_no.csv"文件

任务 7.3 os 模块

🔸 任务描述

了解 os 模块的基本应用,并对了解如何对目录进行操作。

🔸 任务分析

1)认识 os 模块;
2)了解 os 模块的基本操作。

🔸 知识讲解

7.3.1 认识 os 模块

os 模块是 Python 语言内置模块中与操作系统功能和文件系统功能相关联的模块,主要用于访问操作系统以及基本的操作系统功能,包括但不限于:查询、赋值、删除文件及文件夹。对于 os 模块中的执行语句,在不同操作系统的电脑上运行会得到不同的运行结果。(本章以 mac os 系统为例对 os 模块进行介绍。)

1. 导入 os 模块

在 Python 中内置 os 模块,可使用 import 将其导入,导入 os 模块的语句如下:

```
importos
```

导入 os 模块后,便可对模块中的函数或者变量进行使用,来获取与系统相关的信息。

1)os. name

name 函数适用于获取操作系统类型的信息,在 mac os 电脑上输入"os. name"即可得到如图 7.17 的显示结果。

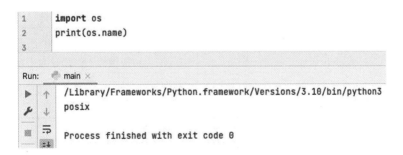

图 7.17 显示结果

注:在 Windows 系统下输入'os. name'会显示'nt';当显示结果为'posix'说明该操作系统为 MacOS/Linux/Unix。

2）os. getcwd( )

getcwd( )可获取当前工作目录,其显示结果如图 7.18 所示。

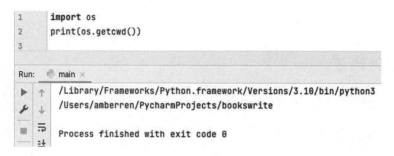

图 7.18　显示结果

3）os. listdir( )

当需要返回指定路径下的文件和目录信息,即可使用 os. listdir( ),其显示结果如图 7.19 所示。

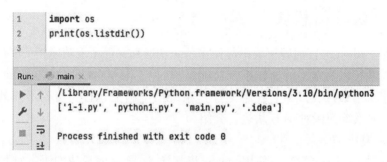

图 7.19　显示结果

4）其他函数与其使用说明

os 模块中还提供了其他函数操作,如表 7.3 所示。

表 7.3　常用 os 函数及其说明

函数	使用说明
os. remove( )	删除文件
os. rmdir( )	删除目录
os. chdir( )	切换当前工作路径为指定路径
os. rename ( )	重命名文件
os. mkdir( )	创建目录

2. os. path 模块

os. path 模块也提供了一些操作目录的函数,导入 os 模块后,可以直接对 os. path 模块进行使用,具体函数及使用说明如表 7.4 所示。

表 7.4　常用 os. path 函数及其说明

函数	使用说明
os. path. abspath(path)	返回绝对路径
os. path. basename(path)	返回文件名称
os. path. dirname(path)	返回文件路径
os. path. exists(path)	判断文件是否存在
os. path. isdir(path)	判断路径是否为目录
os. path. isfile(name)	判断路径是否为文件
os. path. islink(path)	判断路径是否为链接文件
os. path. splite(path)	返回一个路径下的文件名和目录名
os. path. relpath( )	计算相对路径

7.3.2　创建目录

在 Python 中有两种方式创建目录,一是创建一级目录,二是创建多级目录。

1. 创建一级目录

创建一级目录可以使用 os 模块中的 mkdir 函数实现,其语法格式如下:

```
os.mkdir(path)
```

其中,path 指的是要创建的目录。

【例 7.12】　在 MacOs 电脑上创建一个目录。

```
import os
path='/Users/amberren/PyCharmProjects/bookswrite/123'
os.mkdir(path)
print('目录已创建')
```

其创建结果如图 7.20 和图 7.21 所示。

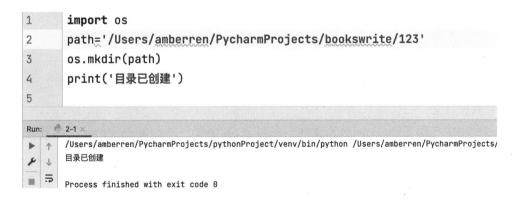

图 7.20　代码运行结果

图 7.21   创建目录结果

2. 创建多级目录

使用 mkdir 函数只能创建一级目录,如果想要创建多级目录,os 模块中提供了 makedirs 函数,其语法格式如下:

```
os.mkakedirs(name)
```

其中,name 指的是要创建的目录。

【例 7.12】   在 MacOs 电脑上创建一个多级目录。

```
import os
path='/users/amberren/PyCharmProjects/main1/12/11'
os.makedirs(path)
```

其创建结果如图 7.22 和图 7.23 所示。

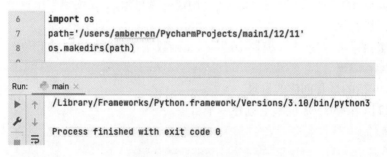

图 7.22   代码运行结果

图 7.23   创建目录结果

3. 删除目录

os 模块中提供了 rmdir 函数来实现删除目录,其中要注意的是,使用 rmdir 函数进行删除目录时,只有被删除的目录为空的情况下才可以,其语法格式如下:

```
os.rmdir(path)
```

【例 7.13】   删除例 7.11 中创建的‘123’目录。

```
import os
os.rmdir('/Users/amberren/PyCharmProjects/bookswrite/123')
print('123 目录已删除')
```

其删除结果如图 7.24 和 7.25 所示。

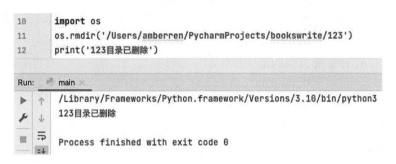

图 7.24　代码运行结果

图 7.25　删除目录结果

任务 7.4　实　　训

1. 实训内容

创建一个 txt 文件,文件中存放学校中的课程代码及其对应的课程名称,提示用户输入课程代码,根据数字返回对应的课程名称。

2. 实训要点

1)掌握 txt 文件的打开;

2)掌握 txt 文件的读取。

3. 实训思路

1)首先使用 with open 读取 txt 文件中的内容;

2)创建 input 输入,并将输入的课程代码与文件中的课程代码进行对比,即可输出对应的课程名称。

课后习题

一、选择题

1. Python 中读取文件中一行的方法是　　　　　　　　　　　　　　　　　　　（　　）

A. read　　　　　　　B. readline　　　　　　C. csv. read　　　　　　D. csv. readli

2. csv. reader 函数读取的数据是以_____方式进行存储的。　　　　（　　）

A. 列表　　　　　　　　B. 字典　　　　　　　C. 元组.　　　　　　D. 集合

3. 以下函数不能读取文件的是　　　　　　　　　　　　　　　　　　（　　）

A. read　　　　　　　　B. readline　　　　　C. readlines　　　　D. lines

4. os 模块中查看系统类型的是　　　　　　　　　　　　　　　　　　（　　）

A. os. name　　　　　　B. os. path　　　　　C. os. file　　　　　D. os. abspath

5. 下列选项中,用于关闭文件的方法是　　　　　　　　　　　　　　（　　）

A. seek( )　　　　　　　B. talo( )　　　　　　C. read( )　　　　　D. close( )

二、填空题

1. Python 文件的后缀通常是_____。

2. Python 文件中只读模式是以_____作为参数。

3. rb、wb、ab 模式都是用于处理_____类型的文件。

附件　章节评价表

班级		学号		学生姓名		
		内容		评价		
	目标	评价项目	优秀	良好	合格	
学习能力	基本概念	文件的打开与关闭				
		写入、读取文件				
		CSV 读取与写入				
		OS 模块				
通用能力	基本操作能力					
	创新能力					
	自主学习能力					
	小组协作能力					
综合评价			综合得分			

模块八　Python 数据可视化

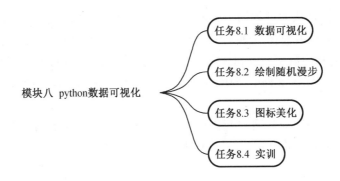

模块八　python数据可视化
- 任务8.1 数据可视化
- 任务8.2 绘制随机漫步
- 任务8.3 图标美化
- 任务8.4 实训

主要内容

本章主要介绍了什么是数据分析与可视化,熟悉数据可视化的方式与可应用软件。本章主要使用 Matplotlib 作为可视化工具,绘制几种常见的图表,并学会如何对图表进行美化。数据的可视化可以大幅提高工作效率,减少一定的工作量。

学习目标

1. 了解数据分析与可视化的概念;
2. 了解几种数据可视化工具;
3. 掌握 Matplotlib 的安装与使用;
4. 熟练掌握绘制基本图表。

任务 8.1　数据可视化

任务描述

随着 Python 语言的不断发展以及大数据时代的到来,各行各业的数据呈现指数型增长,因此,将枯燥的数据转换为更加直观的图表会减少一定的工作量,使数据分析变得更加简单与高效。

任务分析

1) 了解数据可视化;
2) 了解常见的数据分析工具;

3）掌握 Matplotlib 的安装与使用。

知识讲解

8.1.1　数据可视化概述

数据可视化是从大量数据中提取到有价值的信息，并生成图形、图表等可视化直观的方式进行数据的显示，使得数据分析变得简单且高效。数据可视化借助图形化的手段将一组数据展示，并利用数据分析和开发工具等发现其中重要信息的处理过程。数据可视化方式常见于报表、PPT 等文件财产中，下面会介绍一些常见的图表，并给出图标显示。

1. 折线图

折线图主要是展现数据的变化趋势，它是将数据标注成不同的点，并用直线将点按照顺序连接成折现显示成图表，可以清晰地展示数据变化的速率、峰值等特点，图 8.1 即为常见的折线图。

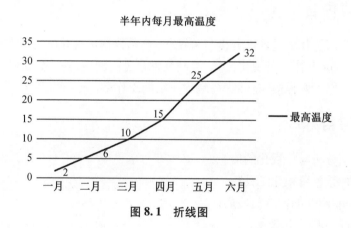

图 8.1　折线图

2. 柱状图

柱状图是又称为长条图，它是以长方形的长度为度量的统计图表，通常用于数量较少的数据分析，图 8.2 即为常见的柱状图。

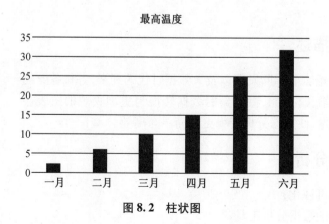

图 8.2　柱状图

3. 饼图

饼图是由若干个数据点所占总数据的大小比例生成的面积不一的圆形图表,其面积是各项的大小与各项总和的比,通常用于显示各项数据占总体比例的关系。图 8.3 为每月开销占比的饼图。

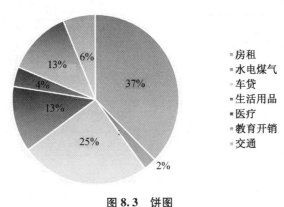

图 8.3　饼图

4. 箱形图

箱形图,又称为盒须图,是一种用作显示一组数据分散情况的统计图,通常用于科研论文中的数据统计情况的图表。其每个数据线所显示的不同数据内容如图 8.4 所示。

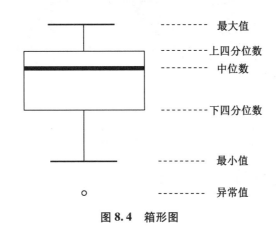

图 8.4　箱形图

5. 散点图

散点图,多用在数据回归分析中,数据点在直角坐标系平面上的分布图,散点图表示因变量随自变量而变化的大致趋势,据此可以选择合适的函数对数据点进行拟合。图 8.5 即为简单的散点图。

6. 雷达图

雷达图,又称星状图,是有由一个轴上表示出三个及其以上的变量组成的二维图表,其常用于对一个目标做出不同方向的评价。图 8.6 为简单的雷达图。

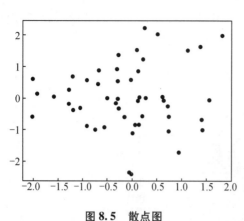

图 8.5　散点图

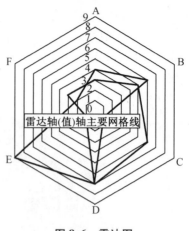

图 8.6　雷达图

7. 3D 图表

3D 图表是在三维坐标系中展现的数据图表,常见的 3D 图表包括 3D 散点图、3D 直方图以及 3D 曲面图。图 8.7 为 3D 曲面图。

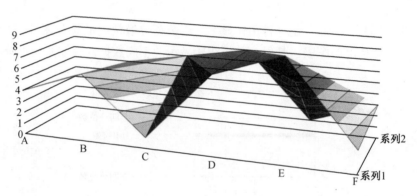

图 8.7　3D 曲面图

8.1.2　常见的数据可视化库

Python 语言在数据分析领域具有极高的地位,因此拥有很多强大的数据可视化库,其中包含:matplotlib、pygal、seaborn、ggplot、pyecharts。

1. matplotlib:matplotlib 是 Python 中数据可视化应用最为广泛的一种,它的设计风格与 matlab 十分相似,同时具有很强大的可视化功能,可以绘制复杂的图表。matplotlib 提供了一套面向对象绘图的 API,它可以配合 Python GUI 工具包(比如 PyQt,WxPython、Tkinter)在应用程序中嵌入图形,支持以脚本的形式在 Python、IPython Shell、Jupyter Notebook 以及 Web 应用的服务器中使用。

2. pygal:官网中对 pygal 的介绍说它是一个性感的 Python 制表工具,工具内提供了 14 种图表类型,可以轻松定制出版级别的交互式图表,其特点是可以生成可缩放的矢量图表。

3. seaborn:seaborn 是基于 matplotlib 基础上的一个高级封装可视化库,可以使得操作更加容易,所得到的图表更加漂亮,其专攻的方向是攻击可视化,并可以与 pandas 进行衔接。

4. ggplot：它的构建是为了用最少的代码快速绘制既专业又美观的图表，它采用的是叠加涂层的方式进行图表的绘制。ggplot 与 Python 中的 Pandas 有着共生关系。

5. pyecharts：pyecharts 是一个生成 Enterprise Charts 的库，其具有很好的交互性。同时，pyecharts 是由中国人开发的，这样便于开发与学习。

8.1.3　了解 matplotlib

1. matplotlib 概述

matplotlib 最初由 John D. Hunter 撰写，它拥有一个活跃的开发社区，并且根据 BSD 样式许可证分发。Matplotlib 是 Python 中最受欢迎的数据可视化软件包之一，支持跨平台运行，它是 Python 常用的 2D 绘图库，同时它也提供了一部分 3D 绘图接口。Matplotlib 通常与 NumPy、Pandas 一起使用，是数据分析中不可或缺的重要工具之一。

2. 安装 matplotlib

由于本书是基于 PyCharm 软件进行编写，在 PyCharm 中安装 matplotlib 只需要输入命令即可，命令如下：

```
import matplotlib
```

在输入命令后，matplotlib 下面会出现一个红色的波浪线，这是因为还没有下载该安装包，在这种情况下，将鼠标放在 matplotlib 上，会弹出以下内容，如图 8.8 所示。

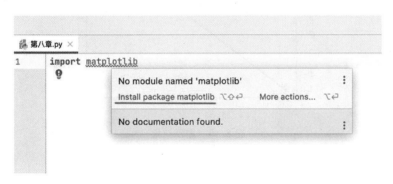

图 8.8　显示内容

在出现"Install package matplotlib"后，点击即可下载 matplotlib，在屏幕的左下角会出现如图 8.9 所示内容。

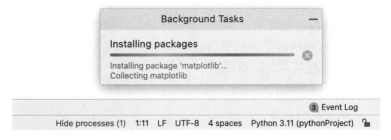

图 8.9　显示内容

在下载成功后，matplotlib 下面的红色波浪线会消失。那么如何使用 matplotlib 绘制一

❖个简单的图表呢?

【例8.1】 绘制一个简单的折线图,其中内含点为(1,2,3,4,5)。

```
import matplotlib
import matplotlib.pyplot as plt
number=[1,2,3,4,5]
fig,ax=plt.subplots()
ax.plot(number)
plt.show()
```

其中,第二行的意思是导入 matplotlib. pyplot 模块,并在接下来的代码中将其简写为 plt,在接下来的学习中,这种缩写很常见,这样便于书写与记忆。接下来创建一个 number 的列表,用于存储想要制作成图表的数据;fig 是表示一个画布,ax 代表画布中的图表;subplots()函数是可以在一张图中绘制一个或者多个图表,其使用方法在后续的内容中会做详细的介绍;调用 plot()函数根据 number 中的数据绘制图表,并使用 show()函数将绘制好的图表显示出来,其显示结果如图8.10所示。

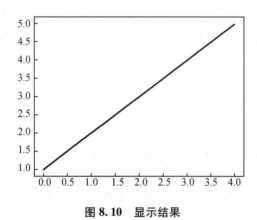

图8.10 显示结果

任务8.2 绘制随机漫步

🔸 任务描述

随机漫步是 Python 数据可视化非常有意思的部分,其每次行走的路径都是随机的,并没有明确的前进目标,每次运行的时候都会生成不同的图形,编写代码实现简单的随机漫步。

🔸 任务分析

1)了解 matplotlib 绘图的基本操作;
2)熟练使用 matplotlib 绘制简单的图形;
3)能够使用 matplotlib 解决实际绘制问题。

🔻 知识讲解

8.2.1　绘制简单折线图

折线图通常情况下使用 Pyplot 中的 plot( )函数就可以绘制,其语法格式如下:

```
plot(x,y,lw=,ls=,c=,label=)
```

其中,x 表示 x 轴的数据,y 表示 y 轴的数据,lw 表示线条的宽度,ls 表示线条的样式(ls='−'为实线,ls='−−'为断虚线,ls='−.'为点虚线,ls=':'为虚线),c 表示线条颜色(c='r'为红色,c='k'为黑色,c='y'为黄色),label 表示线条的含义。

【例 8.2】　绘制一个简单的折线图,x 轴数据为 1,2,3,4,5,y 轴的数据为 1~20 的随机数,同时设置线条为红色的虚断线。

```
import matplotlib
import matplotlib.pyplot as plt
import numpy as np
x=np.array([1,2,3,4,5])
y=np.random.randn(5)
plt.plot(x,y,ls='--',c='r')
plt.show()
```

其显示结果如图 8.11 所示。

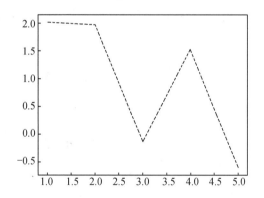

图 8.11　折线图显示结果

在例 8.2 中一个图表中只有一个线条,但是其实可以在一个画布中显示多条折线。

【例 8.3】　在例 8.2 的折线图基础上,增添两条折线,要求线条颜色与样式均不相同。

```
import matplotlib
import matplotlib.pyplot as plt
import numpy as np
x=np.array([1,2,3,4,5])
y1=np.random.randn(5)
y2=np.random.randn(5)
y3=np.random.randn(5)
plt.plot(x,y1,ls='--',c='r')
```

```
plt.plot(x,y2,ls='-',c='b')
plt.plot(x,y3,ls='-.',c='k')
plt.show()
```

其显示结果如图 8.12 所示。

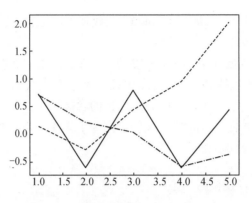

图 8.12　显示结果

【实例 1】　已知表 8.1 为近 20 天黑龙江省哈尔滨市最高气温和最低气温的详情,根据表中的数据,将日期作为 x 轴,最高气温和最低气温的数据作为 y 轴,绘制天气变化折线图。

表 8.1　近 20 天黑龙江省哈尔滨市天气情况   单位:℃

日期	最高气温	最低气温
5 月 1 日	10	0
5 月 2 日	15	7
5 月 3 日	20	8
5 月 4 日	25	12
5 月 5 日	27	9
5 月 6 日	13	3
5 月 7 日	16	4
5 月 8 日	19	4
5 月 9 日	25	12
5 月 10 日	24	9
5 月 11 日	15	4
5 月 12 日	16	4
5 月 13 日	17	6
5 月 14 日	17	7
5 月 15 日	19	4
5 月 16 日	21	8
5 月 17 日	23	8

表 8.1(续)　　　　　　　　　　　　　　　　　　　　　　单位:℃

日期	最高气温	最低气温
5 月 18 日	22	11
5 月 19 日	25	11
5 月 20 日	29	15

```
import matplotlib
import matplotlib.pyplot as plt
import numpy as np
x=np.arange(1,21)
y1=np.array([10,15,20,25,27,13,16,19,25,24,15,16,17,17,19,21,23,22,25,29])
y2=np.array([0,7,8,12,9,3,4,4,12,9,4,4,6,7,4,8,8,11,11,15])
```

　　x 轴为 5 月 1 日到 20 日的日期,y1 为这 20 天内的最高气温,y2 为这 20 天内的最低气温,根据图 8.13 所示,在 6 日和 11 日的时候温度骤降,或是因为下雨的原因,在此之后温服回暖,呈现上升趋势。

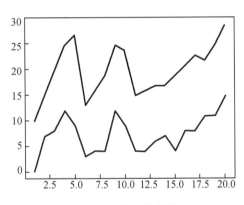

图 8.13　气温折线图

8.2.2　绘制简单柱形图

　　折线图通常情况下使用 pyplot 中的 bar( )函数就可以绘制,其语法格式如下:

```
bar(x,height,width,tick_label,bottom)
```

　　其中,x 表示柱形对应的 x 轴上的坐标值;height 表示 y 轴对应的柱形图高度;width 表示柱形图的宽度(如果不单独说明,宽度则为默认的 0.8);tick_label 表示柱形对应的刻度标签;bottom 表示柱形底部的坐标(如果不单独说明,底部坐标默认为 0)。

　　【例 8.4】　绘制一个简单的柱形图,图中有 5 个柱形,其高度随机,宽度为 0.4。

```
import matplotlib
import matplotlib.pyplot as plt
import numpy as np
x=np.arange(5)
height=np.random.randn(5)
plt.bar(x,height,width=0.4)
```

```
plt.show()
```

其显示结果如图 8.14 所示。

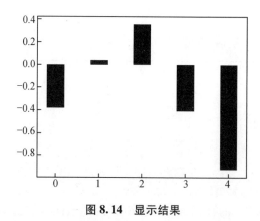

图 8.14　显示结果

和折线图一样,柱形图一个画布中也可以存在多组柱形。

【例 8.5】　在一个画布上,绘制两组柱形图。

```
import matplotlib
import matplotlib.pyplot as plt
import numpy as np
x=np.arange(5)
y1=np.array([5,12,9,10,7])
y2=np.array([8,5,14,13,5])
bar_width=0.4
plt.bar(x,y1,width=bar_width)
plt.bar(x+bar_width,y2,width=bar_width)
plt.show()
```

其显示结果如图 8.15 所示。

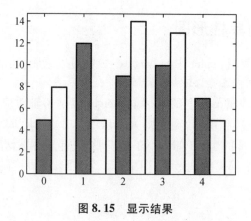

图 8.15　显示结果

【实例 2】　五大定制家居上市企业 2022 年中财报已经悉数发布,其营收如表 8.2 所示。

表8.2 财报营收情况

品牌	营收/亿元
欧派	96.93
索菲亚	47.81
尚品宅配	23.05
志邦	20.35
金牌	14.31

其显示结果如图8.16所示。

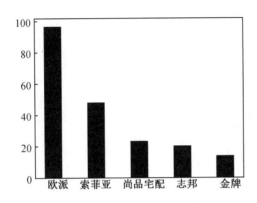

图8.16 财报营收情况

8.2.3 绘制简单饼图

饼图通常情况下使用pyplot中的pie()函数就可以绘制,其语法格式如下:

```
pie(x, explode=None, labels=None, colors=None, autopct=None, radius=1)
```

其中,x表示扇形部分的数据;explode表示扇形距离圆心的距离;labels表示扇形对应的标签部分;colors表示各个扇形部分的颜色;autopct表示饼图内各个扇形百分比显示格式(%d%% 整数百分比,%0.1f 一位小数, %0.1f%% 一位小数百分比, %0.2f%% 两位小数百分比);radius表示饼图的半径(默认为1)。

【例8.6】 绘制一个简单的饼图。

```
import matplotlib
import matplotlib.pyplot as plt
import numpy as np
x=np.array([20,30,10,15,35,15,27])
pie_label=np.array(['A','B','C','D','E','F','G'])
plt.pie(x,radius=1,labels=pie_label,autopct='%3.2f%%')
plt.show()
```

其显示结果如图8.17所示。

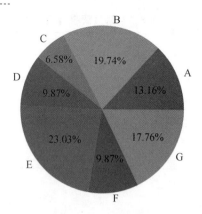

图 8.17 显示结果

如若想绘制出中间镂空的饼图,设置扇形距离圆心的距离,即可生成。

【例 8.7】 绘制一个简单的中心镂空的饼图。

```
import matplotlib
import matplotlib.pyplot as plt
import numpy as np
x=np.array([20,30,10,15,35,15,27])
pie_label=np.array(['A','B','C','D','E','F','G'])
plt.pie(x,radius=1.2,labels=pie_label,autopct='% 3.2f% %',wedgeprops={'width':0.6},pctdistance=0.6)
plt.show()
```

其显示结果如图 8.18 所示。

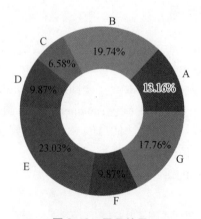

图 8.18 显示结果

【实例 3】 已知每月的工资分成不同的部分,其分布明细如表 8.3 所示,绘制出工资明细的饼图。

表 8.3 工资明细

分类	金额/元
基本工资	5000

表 8.3(续)

分类	金额
住房公积金	1000
医疗保险	400
社保	200
养老保险	400
绩效	2000

```
import matplotlib
import matplotlib.pyplot as plt
import numpy as np
x=np.array([5000,1000,400,200,400,2000])
pie_label=np.array(['基本工资','住房公积金','医疗保险','社保','养老保险','绩效'])
plt.pie(x,radius=1.2,wedgeprops={'width':0.6},labels=pie_label,autopct='%
3.1f%%',pctdistance=0.6)
plt.show()
```

其显示结果如图 8.19 所示。

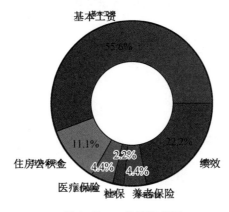

图 8.19　工资明细饼图

8.2.4　绘制简单散点图

散点图通常情况下使用 pyplot 中的 scatter()函数就可以绘制,其语法格式如下:

```
scatter(x,y,s,c,marker,alpha)
```

其中,x、y 表示数据所在的横纵坐标位置;s 表示数据点的大小;c 表示数据点的颜色;market 表示数据的形状(默认情况下是圆形);alpha 表示数据点的透明度(其取值范围为 0~1)。

【例 8.7】　绘制一个简单的散点图。

```
import matplotlib
import matplotlib.pyplot as plt
```

```
import numpy as np
number = 20
x = np.random.randn(number)
y = np.random.randn(number)
plt.scatter(x,y,c='blue')
plt.show()
```

上述代码表示绘制一个散点图,散点图具有 20 个随机分布的点,这些点的颜色是蓝色,其显示结果如图 8.20 所示。

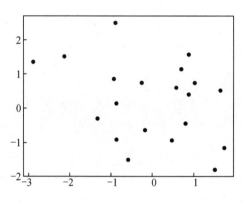

图 8.20   显示结果

8.2.5   任务实现

1.任务编码

```
from random import choice
import matplotlib
import matplotlib.pyplot as plt
import numpy as np
class RandomWalk():
    def __init__(self,num_points=5000):
        self.num_points = num_points
        self.x_values = [0]
        self.y_values = [0]
class RandomWalk():
    def __init__(self, num_points=5000):
        self.num_points = num_points
        self.x_values = [0]
        self.y_values = [0]
    def fill_walk(self):
        while len(self.x_values) < self.num_points:
            x_direction = choice([1, -1])
            x_distance = choice([0, 1, 2, 3, 4])
            x_step = x_direction * x_distance
            y_direction = choice([1, -1])
```

```
y_distance = choice([0, 1, 2, 3, 4])
y_step = y_direction * y_distance
if x_step == 0 and y_step == 0:
    continue
next_x = self.x_values[-1] + x_step
next_y = self.y_values[-1] + y_step
self.x_values.append(next_x)
self.y_values.append(next_y)
```

2.执行结果

执行结果如图 8.21 所示。

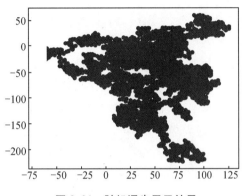

图 8.21　随机漫步显示结果

任务 8.3　图表美化

⬇ 任务描述

在一个画布上绘制正弦曲线和余弦曲线,并设置其横纵坐标,添加图表标题。

⬇ 任务分析

1)掌握坐标轴的数据美化效果;
2)掌握增添图表的标题与图例。

⬇ 知识讲解

8.3.1　添加坐标轴标签与刻度范围

坐标轴标签对数据的可视化至关重要,标签会标明 x 轴、y 轴表示的内容是什么。Matplotlib 可以对图表的 x 轴和 y 轴的标签进行设置。

1)设置 x 坐标轴的标签

Python 中可以使用 pyplot 模块中的 xlabel( )函数对 x 坐标轴的标签进行设置,其语法格式如下:

```
xlabel(xlabel,labelpad)
```

其中,xlabel 表示 x 坐标轴的标签文本内容;labelpad 表示标签文本内容距离坐标轴边框的距离。

2)设置 y 坐标轴的标签

Python 中可以使用 pyplot 模块中的 ylabel( )函数对 y 坐标轴的标签进行设置,其语法格式如下:

```
ylabel(ylabel,labelpad)
```

其中,ylabel 表示 y 坐标轴的标签文本内容;labelpad 表示标签文本内容距离坐标轴边框的距离。

【例 8.8】　在实例 1 的基础上,对其添加 x、y 轴的坐标轴标签,x 轴坐标标签为日期,y 轴坐标标签为温度。

```
import matplotlib
import matplotlib.pyplot as plt
import numpy as np
x=np.arange(1,21)
y1=np.array([10,15,20,25,27,13,16,19,25,24,15,16,17,17,19,21,23,22,25,29])
y2=np.array([0,7,8,12,9,3,4,4,12,9,4,4,6,7,4,8,8,11,11,15])
plt.plot(x,y1)
plt.plot(x,y2)
plt.xlabel('日期')
plt.ylabel('温度')
plt.show( )
```

其显示结果如图 8.22 所示。

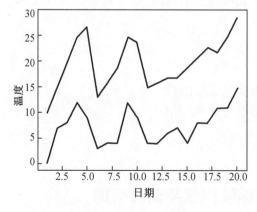

图 8.22　显示结果

3）设置刻度标签

在 Python 中可以使用 plot 模块中的 xticks（）函数和 yticks（）函数对 x 轴和 y 轴的刻度线进行设置，其语法格式如下：

```
xticks(ticks,labels)
yticks(ticks,labels)
```

其中，ticks 表示刻度显示的位置列表，labels 表示指定位置的标签列表。

【例 8.9】　在例 8.8 的基础上，对图表增添刻度 x 轴的刻度范围和标签。

```
import matplotlib
import matplotlib.pyplot as plt
import numpy as np
x=np.arange(1,21)
y1=np.array([10,15,20,25,27,13,16,19,25,24,15,16,17,17,19,21,23,22,25,29])
y2=np.array([0,7,8,12,9,3,4,4,12,9,4,4,6,7,4,8,8,11,11,15])
plt.plot(x,y1)
plt.plot(x,y2)
plt.xlabel('日期')
plt.ylabel('温度')
plt.xticks([1,5,10,15,20])
plt.show()
```

其显示结果如图 8.23 所示。

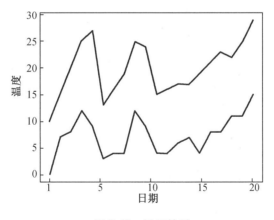

图 8.23　显示结果

8.3.2　添加标题与图例

上述的图表标题均为默认的 Figure 1，对于图表来说，标题可以直接地表明图表的主要目的。在 Python 中可以使用 pyplot 模块中的 title（）函数对图标添加标题，其语法格式如下：

```
title(label,loc,pad)
```

其中,label 表示要添加的图表标题内容;loc 表示图表标题对其的样式(默认为 center 居中,left 为左对齐,right 为右对齐);pad 表示图表标题距离图表顶部的距离(默认为 None)。

【**例 8.10**】 在例 8.8 的基础上,给图表加上标题"哈尔滨市近 20 天温度变化"。

```
import matplotlib
import matplotlib.pyplot as plt
import numpy as np
x=np.arange(1,21)
y1=np.array([10,15,20,25,27,13,16,19,25,24,15,16,17,17,19,21,23,22,25,29])
y2=np.array([0,7,8,12,9,3,4,4,12,9,4,4,6,7,4,8,8,11,11,15])
plt.plot(x,y1)
plt.plot(x,y2)
plt.xlabel('日期')
plt.ylabel('温度')
plt.xticks([1,5,10,15,20])
plt.title('哈尔滨市近20天温度变化',loc='left')
plt.show()
```

其显示结果如图 8.24 所示。

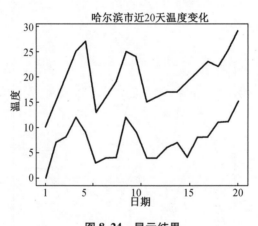

图 8.24 显示结果

8.3.3 任务实现

1.任务编码

```
import matplotlib
import matplotlib.pyplot as plt
import numpy as np
x=np.linspace(-np.pi,np.pi,256,endpoint=True)
y1=np.sin(x)
y2=np.cos(x)
```

```
plt.plot(x,y1,x,y2)
plt.xlabel('x轴')
plt.ylabel('y轴')
plt.title('正弦曲线和余弦曲线')
plt.show()
```

2. 执行结果

执行结果如图 8.25 所示。

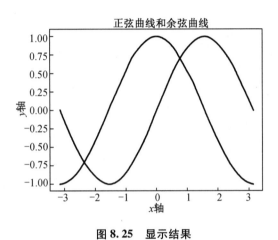

图 8.25 显示结果

任务 8.4 实 训

1. 实训内容

根据所学知识,绘制中国地图,要求绘制出各省名字以及省界。

2. 实训要点

1)掌握 import 函数导入绘图模块;

2)掌握 Map 模块的使用。

3. 实训思路及步骤

1)导入 PyeCharts、Map 模块;

2)定义各省份的名称数据;

3)使用 Map 模块绘制;

4)生成 html 文件并使用浏览器打开。

附件　章节评价表

班级		学号		学生姓名	
内容			评价		
目标	评价项目	优秀	良好	合格	
学习能力 （基本概念）	数据可视化概述				
	绘制简单图形				
	图表美化				
通用能力	基本操作能力				
	创新能力				
	自主学习能力				
	小组协作能力				
综合评价			综合得分		